“十三五”高等职业教育能源类专业规划教材

光伏电站运行与维护

（第二版）

张清小　葛　庆　主　编

万嘉萍　周湘杰　章小庆　卢绍群　副主编

李毅斌　主　审

中国铁道出版社有限公司

CHINA RAILWAY PUBLISHING HOUSE CO., LTD.

内 容 简 介

本书较为全面地介绍了大型地面并网光伏电站和分布式并网光伏电站运行与维护方面的相关知识和技能，重点阐述了大型地面并网光伏电站和分布式并网光伏电站的定义、分类、组成结构、特点及光伏电站设备的组成结构、工作原理、常见故障及分析，对光伏电站运行与维护方面的管理知识、运行与维护过程中常用硬件工具和智能化运维工具的使用进行了讲解，最后介绍了分布式并网光伏电站中检测的目的和意义、检测的内容、检测的要求，并通过一个 60 kW 的分布式光伏扶贫电站的检测应用案例详细介绍了分布式并网光伏电站检测报告的撰写方法。

本书可作为能源类相关专业专科生和本科生的教材，也可供从事光伏电站运行与维护及光伏电站工程应用方面的工程人员参考。

图书在版编目（CIP）数据

光伏电站运行与维护/张清小，葛庆主编．—2 版．—北京：中国铁道出版社有限公司，2019. 8（2025. 2 重印）
“十三五”高等职业教育能源类专业规划教材
ISBN 978-7-113-25850-4

Ⅰ. ①光… Ⅱ. ①张… ②葛… Ⅲ. ①光伏电站－运行－高等职业教育－教材②光伏电站－维修－高等职业教育－教材 Ⅳ. ① TM615

中国版本图书馆 CIP 数据核字（2019）第 155322 号

书　　名：光伏电站运行与维护
作　　者：张清小　葛　庆

策　　划：李露露　　　　**编辑部电话：**（010）63560043
责任编辑：李露露　何红艳
封面设计：付　巍
封面制作：刘　颖
责任校对：张玉华
责任印制：赵星辰

出版发行：中国铁道出版社有限公司（100054，北京市西城区右安门西街 8 号）
网　　址：https://www.tdpress.com/51eds
印　　刷：三河市航远印刷有限公司
版　　次：2016 年 9 月第 1 版　2019 年 8 月第 2 版　2025 年 2 月第 9 次印刷
开　　本：787 mm×1 092 mm 1/16　**印张：**10. 25　**字数：**237 千
书　　号：ISBN 978-7-113-25850-4
定　　价：38. 00 元

PREFACE

第二版前言

本书依据来自一线的从事光伏电站运维的工程技术人员及来自教学一线的教学人员的反馈意见，同时也为满足当前及今后较长时间内光伏电站运维过程中对工程技术人员的要求，对光伏电站监控系统部分进行了删减，并相应增加了光伏电站检测方面的内容。和第一版相比，本版将第一版中第7章光伏电站监控系统设计改为了分布式光伏电站中的检测的相关内容，这样更贴近光伏电站运维的工程应用实际。另外，为响应二十大报告中有关“加快构建新发展格局，着力推动高质量发展”的要求，对第6章中的6.2.1节有关光伏电站智能化运维监控系统的相关内容进行了更新，对光伏电站智能化运维软件高效、高质量推动光伏电站运维工作的发展进行了较为详细的说明。

本书围绕大型地面并网光伏电站和分布式并网光伏电站，从光伏电站的分类、组成结构和特点、光伏电站的运行与维护管理、运维过程中的常用工具及智能化运维技术、运维过程的常见故障及分析、光伏电站检测等方面来组织内容，全书共7章。

本书由张清小、葛庆任主编，万嘉萍、周湘杰、章小庆、卢绍群任副主编。具体编写分工：第1、2章由湖南理工职业技术学院张清小编写；第3章由南昌汽车机电学校万嘉萍编写；第4章由江西新能源科技职业学院章小庆编写；第5章由湖南铁路科技职业技术学院周湘杰编写；第6章由湖南理工职业技术学院卢绍群编写；第7章由湖南理工职业技术学院葛庆编写。本书的部分图形和数据表格由滕东、卢明轩、黎玉清等编辑，全书由张清小统稿，浙江瑞亚能源科技有限公司李毅斌副总经理主审。

本书在编写过程中得到了北京木联能软件股份有限公司、浙江瑞亚能源科技有限公司易潮总经理、浙江杭州瑞亚教育科技有限公司陆胜洁总经理、北京木联能软件股份有限公司段静静经理的大力支持和帮助，在此表示衷心的感谢！

另外，本书在编写过程中还参考了大量的书籍和论文、运维的技术规范和标准文件，在此对相关书籍和论文作者及标准和规范的制订者致以诚挚的谢意。

由于编者水平有限，加之时间仓促，书中疏漏与不足之处在所难免，恳请读者批评指正。

编　者

2023年3月

第一版前言

PREFACE

光伏电站的运行与维护简称光伏电站的运维，是以光伏发电系统安全为基础，通过预防性、周期性维护及定期的设备性能测试等手段，科学合理地对光伏电站进行管理，以保障整个光伏电站的安全、稳定、高效运行，从而保证投资者的收益回报。

随着光伏电站建设规模和数量的不断增加，光伏电站的建设质量问题、安全问题也慢慢呈现出来，这使越来越多的光伏电站面临运维难题；设计缺陷、设备质量缺陷、施工不规范等问题也给光伏电站的运行与维护带来了严峻挑战。此外，国内不同光伏电站的运维水平良莠不齐，严重影响了光伏电站的投资收益，再加上业主对电站高性能运行要求的不断深化，专业运维已经成为光伏电站高效工作的前提和保障。

本书围绕大型地面并网光伏电站和分布式并网光伏电站，从光伏电站的分类、组成结构和特点、光伏电站的运行与维护管理、运维过程中的常用工具及智能化运维技术、运维过程的常见故障及分析、光伏电站监控系统等方面来组织编写，全书共分7章，内容包括：大型地面并网光伏电站概述、大型地面并网光伏电站的主要设备、大型地面并网光伏电站的运行与维护管理、分布式并网光伏电站概述、分布式并网光伏电站的运行与维护、光伏电站运行与维护的常用工具、光伏电站监控系统设计，另外每章后还附有习题，可帮助学生巩固所学知识。

本书由张清小、葛庆任主编，万嘉萍、龚根平、章小庆、卢绍群任副主编。具体编写分工：第1、2章由湖南理工职业技术学院张清小编写；第3章由湖南理工职业技术学院葛庆编写；第4章由江西新能源科技职业学院章小庆编写；第5章由湖南理工职业技术学院龚根平编写；第6章由湖南理工职业技术学院卢绍群编写；第7章由江西新能源科技职业学院万嘉萍编写。本书的部分图形和数据表格由滕东、卢明轩、黄志伟等同学参与编辑，全书由张清小统稿，浙江瑞亚能源科技有限公司李毅斌副总经理主审。

本书在编写过程中得到了北京新大陆时代教育科技有限公司陆胜洁总经理、王水钟经理，浙江瑞亚能源科技有限公司易潮总经理，湖南理工职业技术学院黄建华，衢州职业技术学院廖东进等人的大力支持和帮助，在此表示衷心的感谢。

本书在编写过程中还参考了大量的书籍和论文，在此对相关书籍和论文的作者致以诚挚的谢意。

由于编者水平有限，加之时间仓促，书中疏漏与不足之处在所难免，恳请读者批评指正。

编　者

2016年7月

CONTENTS

目 录

第1章 大型地面并网光伏电站概述 1

1.1 光伏电站的分类及组成结构和特点 1

1.1.1 光伏电站的分类 1

1.1.2 光伏电站的组成结构和特点 2

1.2 大型地面并网光伏电站的组成结构和特点 3

1.2.1 大型荒漠地面并网光伏电站的组成结构和特点 4

1.2.2 大型山丘地面并网光伏电站的组成结构和特点 4

1.3 大型地面并网光伏电站发展面临的问题 6

习　题 7

第2章 大型地面并网光伏电站的主要设备 8

2.1 大型地面并网光伏电站的实物构成和建筑构成 8

2.1.1 大型地面并网光伏电站的实物构成 8

2.1.2 大型地面并网光伏电站的建筑构成 9

2.2 大型地面并网光伏电站主要设备简介及常见故障分析 11

2.2.1 光伏组件简介及常见故障分析 11

2.2.2 光伏防雷汇流箱简介及常见故障分析 19

2.2.3 交、直流配电柜简介及常见故障分析 23

2.2.4 逆变器简介及常见故障分析 25

2.2.5 升压变压器简介及常见故障分析 31

2.2.6 开关柜简介及常见故障分析 34

2.2.7 静止无功发生器SVG简介及常见故障分析 37

习　题 40

第3章 大型地面并网光伏电站的运行与维护管理 41

3.1 大型地面并网光伏电站的运行管理 41

3.1.1 技术文件管理 41

3.1.2 人员培训管理 42

3.1.3 其他经济运行管理 43

3.2 大型地面并网光伏电站的维护管理 43

3.3 大型地面并网光伏电站的运行与维护程序和流程 49
3.4 大型地面并网光伏电站运行与维护案例 51
3.4.1 认识所要运行与维护的光伏电站 51
3.4.2 设备调度权限与岗位职责 53
3.4.3 光伏电站设备的运行与维护 57
3.4.4 光伏电站运行管理 68
习　题 80
第4章 分布式并网光伏电站概述 81
4.1 分布式并网光伏电站的定义和分类 81
4.1.1 分布式光伏发电系统的定义和分类 81
4.1.2 分布式并网光伏电站的定义和分类 82
4.2 分布式并网光伏电站的组成结构和特点 83
4.2.1 分布式并网光伏电站的组成结构和工作原理 83
4.2.2 分布式并网光伏电站的特点 85
4.3 分布式光伏电站的并网技术 92
4.3.1 光伏逆变技术 92
4.3.2 最大功率跟踪技术 97
4.3.3 孤岛效应与防孤岛保护技术 101
4.3.4 低电压穿越技术 102
4.4 分布式光伏电站的并网方式 103
4.5 分布式并网发电的发展现状和发展趋势 104
习　题 105
第5章 分布式并网光伏电站的运行与维护 106
5.1 分布式并网光伏电站的主要设备 106
5.2 分布式并网光伏电站的运行与维护管理 108
5.2.1 分布式并网光伏电站运行与维护的基本要求 108
5.2.2 分布式并网光伏电站的定期检验 115
5.3 分布式并网光伏电站的常见故障及原因分析 116
5.3.1 影响分布式并网光伏电站发电量的因素 116
5.3.2 分布式并网光伏电站的常见故障及分析 118
习　题 121

第6章 光伏电站运行与维护的常用工具 122
6.1 光伏电站运行与维护中常用的硬件工具及使用 122
6.1.1 光伏电站运行与维护中常使用的硬件工具 122
6.1.2 光伏电站运行与维护中常用硬件工具的使用方法 124
6.2 光伏电站运行与维护智能化运维工具 133
6.2.1 光伏电站智能化运维监控系统 133
6.2.2 智能运维机器人 135
6.2.3 智能运维无人机 137
习　题 138
第7章 分布式光伏电站中的检测 139
7.1 光伏电站检测的目的和意义 139
7.2 光伏电站检测的相关标准和规范 141
7.2.1 光伏电站检测中已有的标准与规范 141
7.2.2 并网光伏电站性能检测与质量评估技术规范（节选） 141
7.3 分布式并网光伏电站检测的应用案例 143
7.3.1 检测的内容及抽样检测方案和参数要求 143
7.3.2 检测的流程 145
7.3.3 检测报告 146
习　题 155
参考文献 156

第1章 大型地面并网光伏电站概述

学习目标

- 了解光伏电站的定义和分类。
- 了解大型地面并网光伏电站的定义和分类。
- 了解大型地面并网光伏电站的组成、结构和特点。
- 了解大型地面并网光伏电站的发展面临的问题。

本章简介

光伏电站种类繁多，形式多样，特点各异。本章在简要介绍光伏电站分类和特点的基础上，重点阐述了集中式地面大型并网光伏电站和分布式并网光伏电站的定义、分类、组成、结构及特点，并简要分析了集中式大型地面并网光伏电站与分布式并网光伏电站的不同点，为后续讲解集中式大型地面并网光伏电站及分布式并网光伏电站的运行与维护奠定基础。

1.1 光伏电站的分类及组成结构和特点

1.1.1 光伏电站的分类

1. 按光伏电站是否并网来划分

按光伏电站是否并网可以分为离网光伏电站和并网光伏电站。其中，并网光伏电站又可以分为地面大型并网光伏电站和分布式并网光伏电站，离网光伏电站和并网光伏电站的具体分类如图 1-1 所示。

2. 按装机容量来划分

按装机容量来划分可以分为小型光伏电站、中型光伏电站和大型光伏电站，其中，小型光伏电站是指装机容量小于或等于 1 MWp 的光伏电站；中型光伏电站是指装机容量大于 1 MWp，小于或等于 30 MWp 的光伏电站；大型光伏电站是指装机容量大于 30 MWp 的光伏电站。

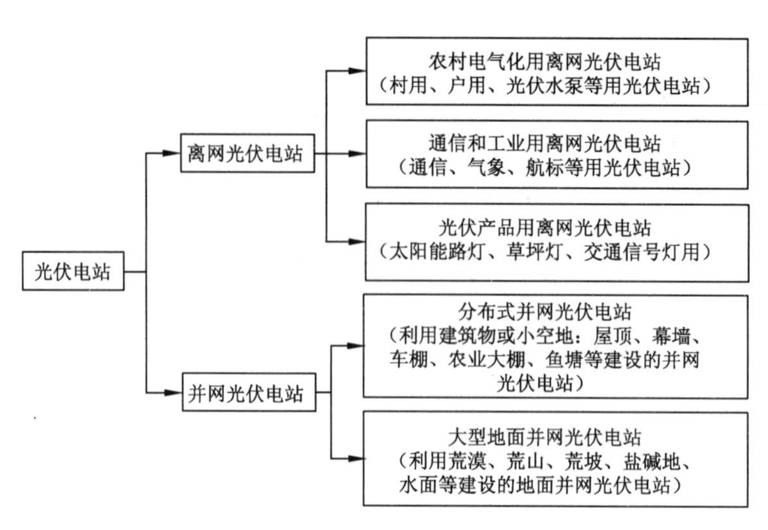

图1-1　离网光伏电站和并网光伏电站的分类

3. 按光伏电站接入电网的电压等级来划分

按光伏电站接入电网的电压等级来划分可以分为低压电网接入的光伏电站和中压电网、高压电网接入的光伏电站。其中，低压电网接入的光伏电站是指通过 380 V 电压及以下等级接入电网的光伏电站，该类电站所发电能一般是即发即用、多余的电能送入电网；中压电网接入的光伏电站是指通过 10 kV 或 35 kV 电压等级接入电网的电站，该类光伏电站要通过升压装置将电能馈入电网；高压电网接入的光伏电站是指通过 66 kV 及以上电压等级接入电网的光伏电站，该类电站也要通过升压装置才将电能馈入电网，并且要进行远距离的电能传输。

1.1.2　光伏电站的组成结构和特点

1. 离网光伏电站的组成结构和特点

（1）离网光伏电站的组成结构

离网光伏电站主要由光伏阵列、控制器、蓄电池等组成，若要为交流负载供电，还需要配置交流逆变器。离网光伏电站包括边远地区的村庄供电系统、太阳能户用电源系统，通信信号电源、太阳能路灯等各种带有蓄电池的可以独立运行的光伏发电系统。离网光伏电站的组成结构如图 1-2 所示。

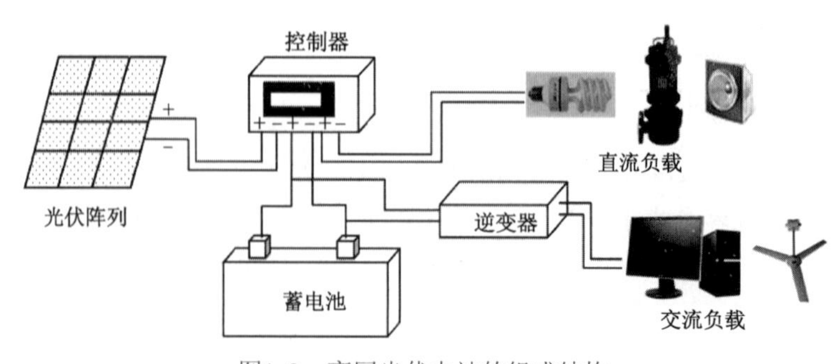

图1-2　离网光伏电站的组成结构

（2）离网光伏电站的特点

离网光伏电站适用于无电网供电或电网电力不稳定的地区。在阳光充足时，离网光伏电站产生的直流电储存在蓄电池中，用于夜间或阴雨天气时为用户负载提供电力。

2. 并网光伏电站的组成结构和特点

（1）并网光伏电站的组成结构

并网光伏电站由光伏组件阵列、直流汇流箱、直流配电柜、并网逆变器、监控数据采集器等组成。其运行模式是在有太阳辐射的条件下，光伏电站中的光伏阵列将太阳能转换成直流电能，经过直流汇流箱送入直流配电柜，直流配电柜再将直流电送入并网逆变器逆变成交流电后，根据光伏电站接入电网技术规定和光伏电站容量确定光伏电站接入电网的电压等级，再经变压器升压后，接入电网。并网光伏电站的组成结构如图 1-3 所示。

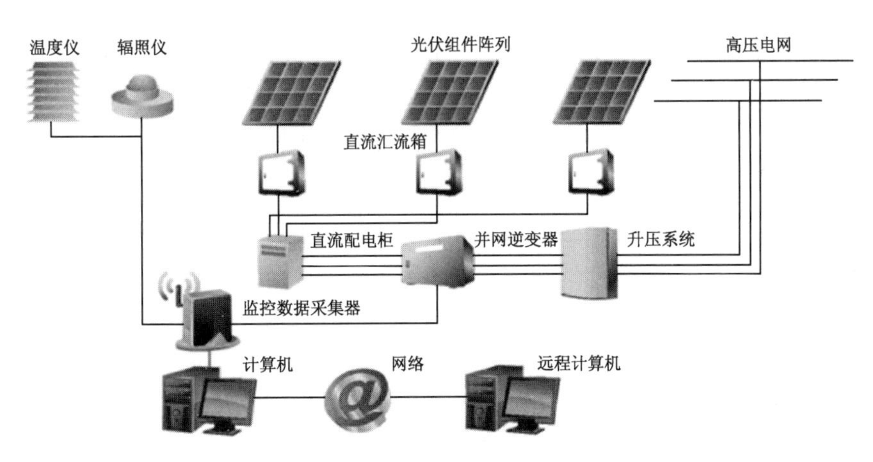

图1-3　并网光伏电站的组成结构

（2）并网光伏电站的特点

并网光伏电站可以分为大型地面并网光伏电站和分布式并网光伏电站，其中大型地面并网光伏电站的主要特点是将所发电能全部输送给电网，由电网统一调配给用户供电。这种电站投资大、建设周期长、占地面积大；而分布式并网光伏电站由于处于用户侧，光伏电站所发电能优先供给当地负载使用，多余的电能输入电网由电网统一调配给用户负载使用，这使得分布式光伏电站可以有效减少对电网供电的依赖及线路损耗。除此之外，分布式并网光伏电站具有投资小、建设快、占地面积小、政策支持力度大等优点，是并网光伏电站的主流。

1.2　大型地面并网光伏电站的组成结构和特点

大型地面并网光伏电站是一类充分利用荒漠、山丘等拥有丰富和相对稳定的太阳能资源的地面所构建的大型并网光伏电站，该类光伏电站将太阳能通过光伏组件转化为直流电，再通过直流汇流箱和直流配电柜将直流电送入集中式并网逆变器，集中式并网逆变器再将直流电能转化为与电网同频率、同相位的交流电后经高压配电系统并入电网。

1.2.1 大型荒漠地面并网光伏电站的组成结构和特点

1. 大型荒漠地面并网光伏电站的组成

大型荒漠地面并网光伏电站主要是由光伏阵列、智能汇流箱、集中式逆变器、变压器等组成，其相应的组成结构图如图 1-4 所示。

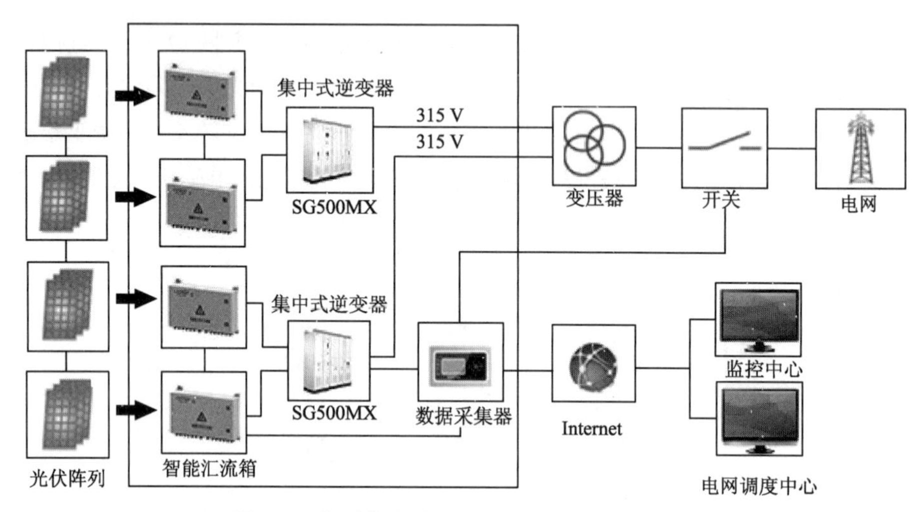

图1-4 大型荒漠地面并网光伏电站组成结构

2. 大型荒漠地面并网光伏电站的特点

大型荒漠地面并网光伏电站是利用广阔平坦的荒漠地面资源开发的光伏电站，该类电站规模大，一般大于 6 MW，电站逆变输出经过升压后直接馈入 35 kV、110 kV、220 kV 或更高电压等级的高压输电网。因该类电站所处环境地势平坦，光伏组件朝向一致，无遮挡，故多采用集中式逆变器。大型荒漠地面并网光伏电站的主要特点是运维更经济和方便，采用集中式逆变器控制更能满足电网的接入要求。

1.2.2 大型山丘地面并网光伏电站的组成结构和特点

大型山丘地面并网光伏电站是指利用山地、丘陵等资源开发的光伏电站，它可以分为存在组件朝向不一致或早晚遮挡问题的大型山丘地面并网光伏电站和地形非常复杂的大型山丘地面并网光伏电站。

1. 存在组件朝向不一致或早晚遮挡问题的大型山丘地面并网光伏电站的组成结构和特点

（1）组成结构

这种类型的光伏电站主要是由光伏阵列、智能汇流箱、集中式逆变器和变压器等组成，其相应的组成结构如图 1-5 所示。

（2）特点

该类光伏电站规模大小不一，从几兆瓦（MW）到上百兆瓦不等，发电以并入高压电网为主，受地形影响，存在组件朝向不一致或早晚遮挡问题，因此这类电站的逆变器多采用具备 MPPT

(Maximum Power Point Tracking，最大功率点的跟踪）模式的集中式逆变器，每路 MPPT 能够跟踪 100 多千瓦的光伏组件，将同一朝向的光伏组件设计成一串，大大提升了施工便利性并有效解决了朝向和遮挡问题，同时共交流母线输出，具备集中式逆变器电网友好性的特点。

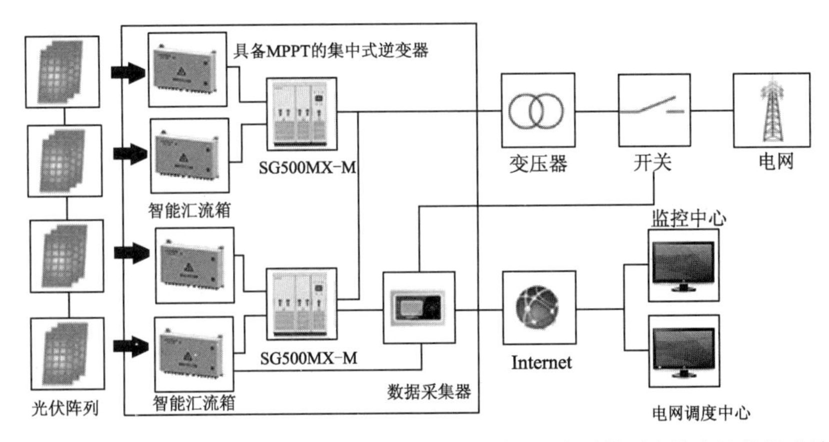

图1-5　存在组件朝向不一致或早晚遮挡问题的大型山丘地面并网光伏电站的组成结构

2. 地形非常复杂的大型山丘地面并网光伏电站的组成结构和特点

（1）组成结构

这种类型的光伏电站主要是由光伏阵列、组串式逆变器、交流配电柜和变压器等组成，其相应的组成结构图如图 1-6 所示。

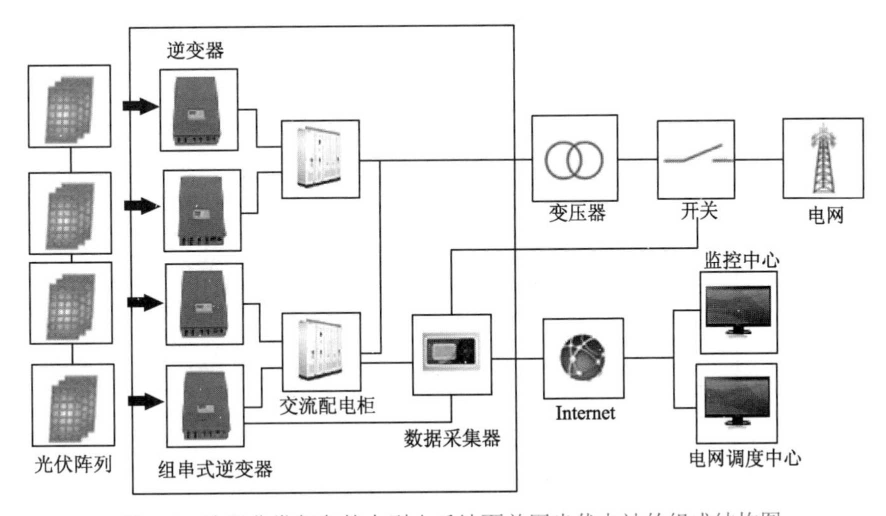

图1-6　地形非常复杂的大型山丘地面并网光伏电站的组成结构图

（2）特点

这种类型的并网光伏电站因为所选的山丘电站地形非常复杂，实现 100 多千瓦组件同一朝向铺设施工难度很大，所以一般会采用组串式逆变器作为补充。这种类型的并网光伏电站比地势平坦的并网光伏电站在电站容量方面要更小些，并网也是采用 10 kV 或 35 kV 接入公共电网或用户电网。

1.3　大型地面并网光伏电站发展面临的问题

2015 年，我国光伏产业在低迷的能源市场中逆市上扬，新增装机容量达到 15 GW，并且超越德国成为全球光伏累积装机容量最高的国家。在国内、国际两个市场的强劲拉动下，光伏企业产能利用率得到有效提高，产业规模稳步增长，技术水平不断进步，企业利润率得到提升，光伏企业的“走出去”步伐也在不断加快。在政策引导和市场驱动下，我国光伏产业发展环境未来将持续向好，但对于大型地面并网光伏电站而言，仍然面临着较多的问题。主要表现在以下几方面：

① 大规模光伏电站输出功率的随机波动性及不可准确预测性造成电力系统调度运行困难。尤其是我国西部太阳能资源丰富，光伏发电输出电量较多，但西部地区的工业及居民用电量不大。而在我国工业发达的东部地区，太阳能资源和光伏发电量不如西部，但用电需求量大，这种资源与需求逆向分布的情况，其有效利用难度之大在世界范围是罕见的，这就导致光伏电站发出的电量要进行大规模、远距离的西电东送，使得电力传输和调度的复杂性与困难度大大增加。

② 大规模光伏发电并网，对系统安全稳定运行带来严重影响，使大电网安全面临威胁。近年来，国外大停电事故频发，造成了巨大的社会影响和经济损失，如表 1-1 所示。

表1-1　部分国家或地区电网事故表

序　号	国家或地区	发 生 时 间	事 故 名 称	停电规模/MW	停 电 时 间
1	以色列	1995-06-08	以色列大停电	3 157	4 h 24 min
2	美国	1996-07-02	美国西部大停电	11 850	1.5～3 h
3	美国	1996-08-10	美国西部大停电	28 000	约8 h
4	马来西亚	1996-08-03	整个马来半岛停电	5 700	约16 h
5	美国、加拿大	2003-08-14	美国东北和加拿大东部	61 800	约29 h
6	英国	2003-08-28	伦敦及英国东南部分地区	724	0.5～1 h
7	瑞典和丹麦	2003-09-23	瑞典南部及丹麦东部	1 800	约7 h
8	意大利	2003-09-28	意大利全国大部分地区	5 400万人失电	约8 h
9	俄罗斯	2005-05-25	莫斯科及周边地区	约3 500	2 h 30 min～26 h
10	印度尼西亚	2005-08-18	雅加达至万丹地区	1亿人失电	约7 h 30 min
11	UETC	2006-11-04	西欧大部分地区	13 350	1 h～1.5 h
12	巴西	2009-11-10	巴西大停电	28 833	3 h 42 min

③ 光伏发电核心控制技术为少数发达国家掌握，我国现有光伏电站设计、运行等技术和国外先进水平存在较大差距，且基本处于“自由运行”状态。

④ 电源结构性矛盾突出，规模化间歇性新能源发电并网要求火电机组深度调峰。

当前，大型地面并网光伏电站占据我国光伏装机总量的 80% 以上，但目前可再生能源发展规划与电网建设规划的统筹衔接出现了问题，区域电网结构的限制及外送通道建设滞后，导致大型地面并网光伏电站面临严峻的限电形势，限制地面并网光伏电站输出功率的现象十分严重，并出现了大范围、常态性的限电、弃光现象。据统计，2015 年我国西北地区弃光率达到 17.08%，其中，甘肃弃光问题突出，累计弃光电量 26.19 亿 kW · h，约占全部弃光电量的 56%，弃光率达到 30.7%。新疆累计弃光电量 15.08 亿 kW · h，约占全部弃光电量的 32%，弃光率达到 22%。

尽管当前大型地面并网光伏电站存在诸如上述的问题和挑战，现行政策也在向分布式并网发电倾斜，但鉴于中东部地区的资源状况，从长远及国内光伏产业的平衡及可持续发展来看，或仍将依赖于大规模建设西部大型并网光伏地面电站。

习　　题

1. 什么是光伏电站？光伏电站包含哪几类？
2. 什么是大型地面并网光伏电站？大型地面并网光伏电站可以划分为几种类型？
3. 大型荒漠地面并网光伏电站由什么组成？在结构上有什么特点？
4. 大型山丘地面并网光伏电站由什么组成？在结构上有什么特点？
5. 大型荒漠地面并网光伏电站与大型山丘地面并网光伏电站有哪些相同点？又有哪些不同点？
6. 大型地面并网光伏电站目前存在哪些方面的困难和挑战？
7. 大型地面并网光伏电站存在什么样的发展趋势？

第2章 大型地面并网光伏电站的主要设备

学习目标

- 掌握大型地面并网光伏电站的实物构成。
- 掌握大型地面并网光伏电站的建筑构成。
- 掌握大型地面并网光伏电站中主要设备的组成结构和功能。
- 掌握大型地面并网光伏电站中主要设备的常见故障分析的方法与技能。

本章简介

要运行和维护好一个大型地面并网光伏电站，必须熟练掌握这个大型地面并网光伏电站中各个设备的组成结构、功能、电气连接等，并针对各个设备进行故障预防、检测、检修及故障排除等工作，进而达到使该大型地面并网光伏电站高效、安全、经济、稳定运行的目的。

本章首先阐述了大型地面并网光伏电站的实物构成框架图及对应的实物效果图，然后依据实物框架图逐一介绍了电站中各个主要设备的组成结构、工作原理、功能和与其他设备间的电气连接，并对各主要设备的常见故障进行了阐述，最后针对设备故障进行了比较详细的分析。

2.1 大型地面并网光伏电站的实物构成和建筑构成

2.1.1 大型地面并网光伏电站的实物构成

大型地面并网光伏电站的实物构成图如图 2-1 所示。从图中可以看出一个大型地面并网光伏电站一次设备一般包括光伏阵列、直流汇流箱、直流配电柜、集中式逆变器、箱式变压器、交流配电柜、主升压变压器、并网开关柜；二次设备和其他附属设备包括通信管理机、上位机和远程终端、站用电变压器（将电网电压降至 380 V 或 220 V 以供电站内部的设备和负载用电）、不间断电源等。

光伏电站以 1 MWp 为一个光伏发电单元，每个单元通过逆变器整流逆变后输出 315 V 低压三相交流电，再通过一台 1 000 kV · A 箱式升压变压器升压后与站内集电线路相连，通过电缆线路送至站内 35 kV 交流配电柜，交流配电柜将交流电送入至主升压变压器，通过主升压变压器将 35 kV 的交流电升压至 110 kV，最后通过一个户内金属封闭铠装移开式并网开关柜送入 110 kV 的电网。另外，站内设一台站用电变压器，为全站提供站用电源，站用电源分别为正常照明和事故照明用电源，正常照明电源取自站用电交流电源，事故照明电源取自事故照明切换箱，正常时由交流电源供电，交流电源消失时自动切换至直流蓄电池经逆变器供电。

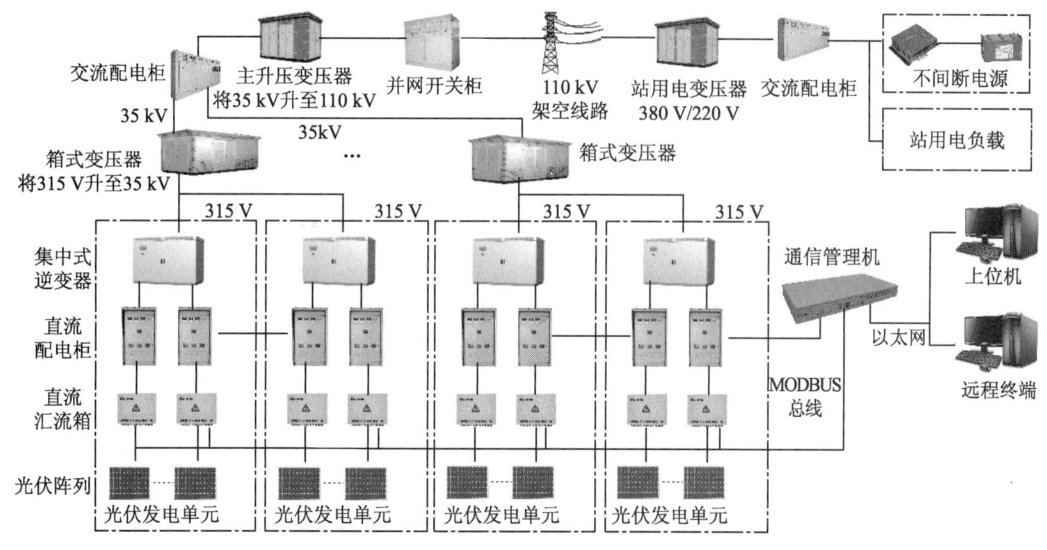

图2-1　大型地面并网光伏电站的实物构成图

综合楼内，在主控室采用栅格灯作为正常照明，其他房间采用节能灯，屋外道路采用高压钠灯照明，在主控室、配电室及主要通道处设置事故照明，事故照明也采用荧光灯或节能灯，由事故照明切换箱供电。

2.1.2　大型地面并网光伏电站的建筑构成

大型地面并网光伏电站在建筑构成方面可以划分为生产区和管理区，其中管理区主要包括一栋综合楼，综合楼内设置有办公室、会议室、餐厅、厨房和宿舍；生产区内主要包括光伏阵列和直流汇流箱部分、逆变房、综合楼，其中综合楼内设置有中控室（中控室包含监控用计算机、以太网工业监控机、通信管理机、通信电缆和光纤等）、高低压配电室、继电保护室、工具室。大型地面并网光伏电站的生产区建筑构成效果图如图 2-2 所示。图中的逆变房里安装了直流配电柜和集中式三相逆变器，升压房里安装有升压变压器、无功功率补偿设备等。生产区建筑构成效果图所对应的电气连接图如图 2-3（a）和图 2-3（b）所示。

如图 2-3（b）所示，箱式变电站分别布置于太阳能电池方阵中，通过 35 kV 电缆汇集至综合楼 35 kV 配电室内，各个单元变压器及逆变器均放置于就地箱式变电站中。35 kV 配电室与站用配电室并排布置于站内生产管理区综合楼一层，35 kV 配电装置采用户内成套开关柜，单列布置。在综合楼设集中控制室实现对光伏设备及电气设备的遥测、遥控、遥信。箱式变电站 35 kV 线路输出后配置一个微机线路距离保护柜，以保证该 35 kV 线路发生故障时能够以较快时限切除故障；35 kV 母线配置一个微机母线保护柜，当 35 kV 母线发生故障时能够快速切除母线故障，以保证系统的安全性；光伏电站系统侧配置一个微机型故障录波器柜，用于电站的线路保护、母线保护等开关量及电流、电压等模拟量信息的录波。

按照电能计量装置技术管理规程的有关规定，光伏电站至地区 110 kV 变电站的线路出口，光伏电站站用变压器高压侧电量关口点，光伏电站主升压变压器高压侧都安装有电能计量表。

图2-2　大型地面并网光伏电站生产区建筑构成图

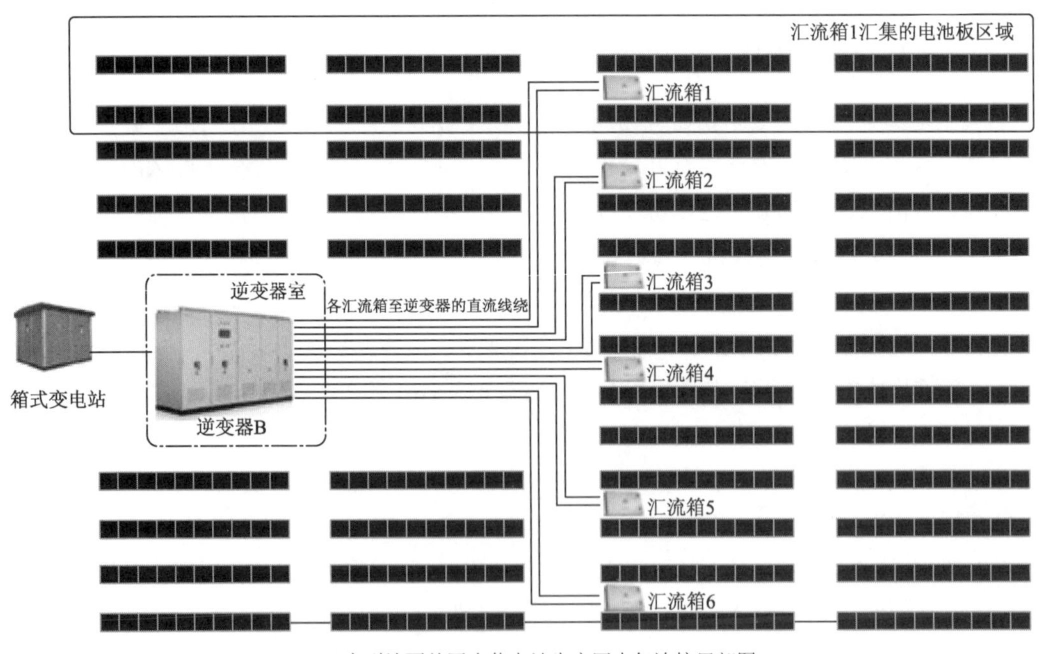

（a）　大型地面并网光伏电站生产区电气连接局部图

图2-3　生产区建筑构成效果图所对应的电气连接图

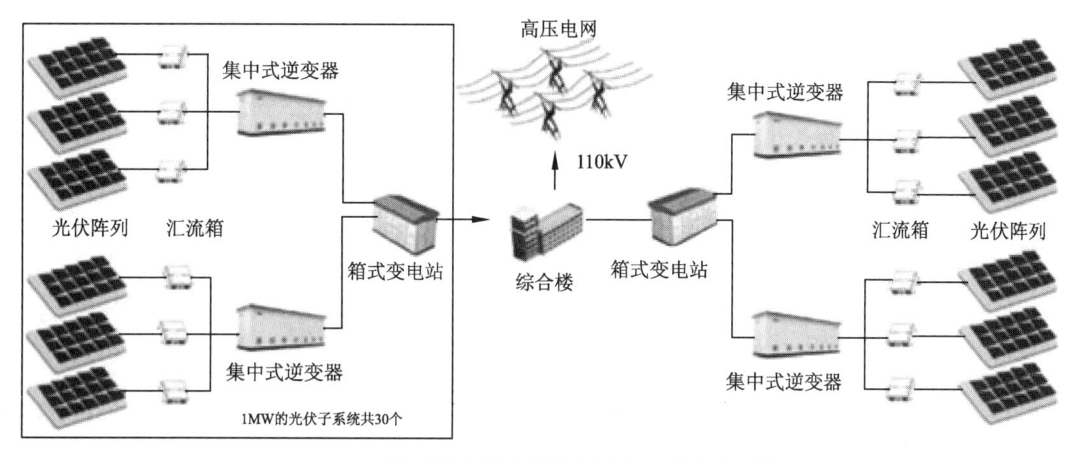

（b）大型地面并网光伏电站生产区电气连接全局图

图2-3　生产区建筑构成效果图所对应的电气连接图（续）

2.2　大型地面并网光伏电站主要设备简介及常见故障分析

2.2.1　光伏组件简介及常见故障分析

1. 光伏组件的分类

光伏组件是将太阳光转化为电能的关键设备，目前光伏电站常用的电池组件主要有单晶硅、多晶硅和非晶硅薄膜光伏组件。光伏电池分类的具体类型如图 2-4 所示。

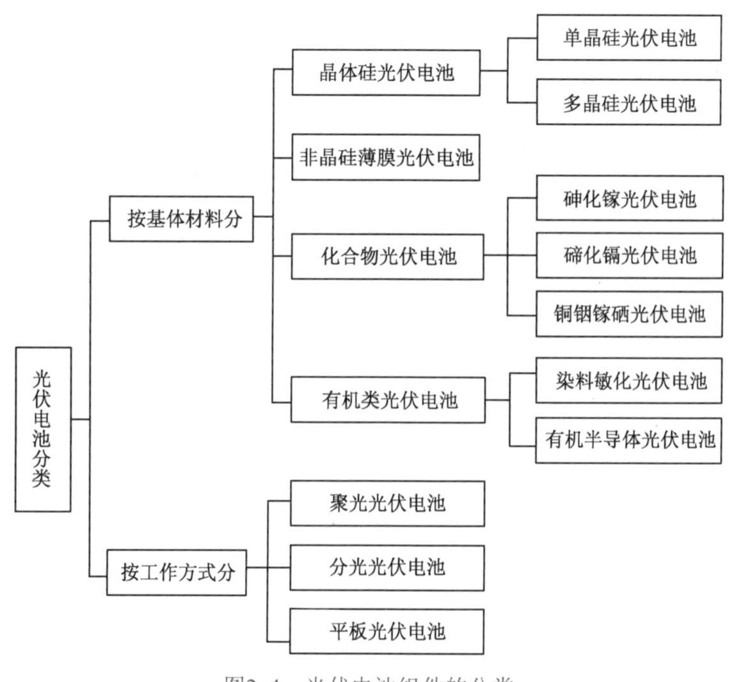

图2-4　光伏电池组件的分类

2. 光伏组件的特点

光伏组件中单晶硅电池组件的光电转换效率为15%左右，最高的达到24%，是目前所有种类的光伏电池组件中光电转换效率最高的，坚固耐用，使用寿命最高可达25年，但制作成本高；多晶硅电池组件的制作工艺与单晶硅电池相近，光电转换效率约14%，制作成本比单晶硅电池低，但使用寿命比单晶硅电池短；非晶硅电池组件是新型薄膜式电池组件，制作工艺与单晶硅和多晶硅电池的完全不同，制作成本低，弱光效应优于晶硅电池，但光电转换效率偏低，且衰减较快。光伏电站中主要的光伏组件的特点如表2-1所示。

表2-1 光伏电站中主要的光伏组件的特点

种　类	电池类型	实验室效率	商业效率	优　点	缺　点
晶硅	单晶硅	24%	14%～17%	效率高，技术成熟	原料成本高
	多晶硅	21%	13%～15%	效率较高，技术成熟	原料成本高
非晶硅	薄膜电池	13%	8%～11%	弱光效应好，成本相对较低	转化率相对较低
化合物	碲化镉	15.8%	5%～8%	弱光效应好，成本相对较低	有毒，污染环境
	铜铟镓硒	15.3%	5%～8%	弱光效应好，成本相对较低	稀有金属

3. 光伏方阵的分类和特点

由若干个光伏组件在机械和电气上按一定方式组装起来，并且由固定的支撑结构构成的直流发电单元称为光伏阵列。在光伏发电系统设计中，光伏阵列的安装方式对系统接收太阳总辐射量有很大影响，从而影响到光伏发电系统的发电能力。光伏阵列按照安装方式的不同可以分为固定式和跟踪式两种类型。固定式的光伏阵列分为水泥基础和地锚基础两种类型，如图 2-5 和图 2-6 所示。跟踪式的光伏阵列则可分为单轴跟踪和双轴跟踪两种类型。

图2-5 固定式水泥基础

图2-6 固定式地锚基础

光伏阵列的单轴跟踪一般采用 3 种方式：第一种方式是旋转轴倾斜布置光伏阵列东西方向跟踪；第二种方式是旋转轴南北水平布置，光伏阵列东西跟踪；第三种方式是旋转轴东西水平布置，光伏阵列南北方向跟踪。这 3 种方式是南北方向或东西方向的单轴跟踪，工作原理基本相似。以单轴跟踪方式为例（见图 2-7），单轴跟踪装置的旋转轴东西方向布置。控制器计算太阳角度的变化，控制旋转轴转动，使太阳能电池板作南北方向的俯仰运动，以跟踪太阳。采用这种跟踪方式，一天之中只有正午时刻太阳光与电池板相垂直，而在早上或下午太阳光线都是斜射。采用单轴跟踪的特点是结构简单，但是由于入射光线不能始终与主光轴平行，收集光线的效果并不理想。

光伏阵列的双轴跟踪中双轴指的是方位轴和俯仰轴，方位轴垂直于地面，俯仰轴垂直于方位轴。根据太阳角度的计算方法，工作时光伏阵列根据太阳位置的理论计算值，绕方位轴转动改变方位角，绕俯仰轴作俯仰运动改变光伏阵列的倾斜角。这种跟踪装置的跟踪准确度高，支持机构容易设计，但是在计算太阳角度的过程中容易出现误差，影响跟踪准确度。双轴跟踪原理示意图如图 2-8 所示。

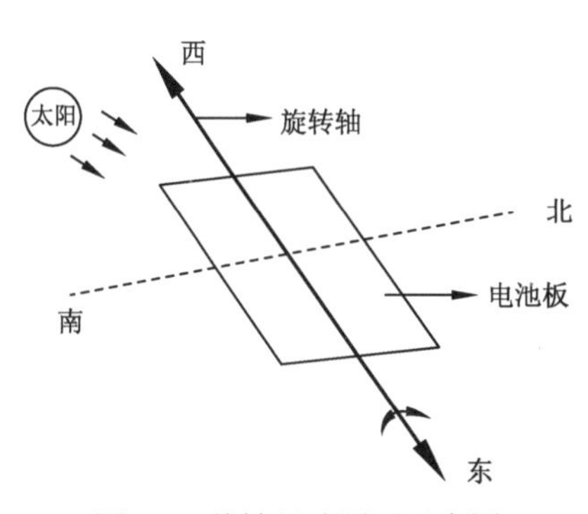

图2-7　单轴跟踪原理示意图

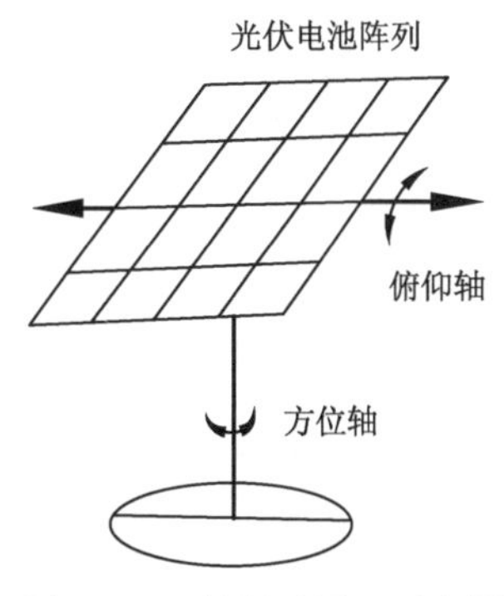

图2-8　双轴跟踪原理示意图

单轴跟踪和双轴跟踪的安装效果图如图 2-9 和图 2-10 所示。

图2-9　单轴跟踪系统

图2-10　双轴跟踪系统

4. 光伏组件的电气连接

光伏组件通过串联和并联连接后形成光伏阵列，光伏阵列再通过导线接入直流汇流箱，具体的电气连接图如图 2-11 所示。

5. 光伏组件的组成和结构

光伏组件由焊带、钢化玻璃、EVA［Ethylene（乙烯）、Vinyl（乙烯基）、Acetate（醋酸盐）］胶膜、背板、铝型材边框、硅胶、接线盒、电池片等组成，相应的结构如图 2-12 所示。其中，钢化玻璃起支撑作用，能增强光伏组件的承重和载荷，透光、阻水、阻气、防腐蚀；铝型材边框用来保护玻璃边缘，加强光伏组件密封性能和提高光伏组件整体机械强度，便于光伏组件的安装和运输；EVA 胶膜为热熔胶黏剂，封装电池片，将电池片、钢化玻璃、背板粘接在一起，具有一定粘接强度，能增强组件的抗冲击性能；背板作为背面保护封装材料，对阳光有反射作用，提高组件效率，耐老化、耐腐蚀、不透气，具有较高的红外发射率，还可降低光伏组件的工作温度；硅胶用于粘接、密封层压好的玻璃光伏组件，粘接接线盒和背板。

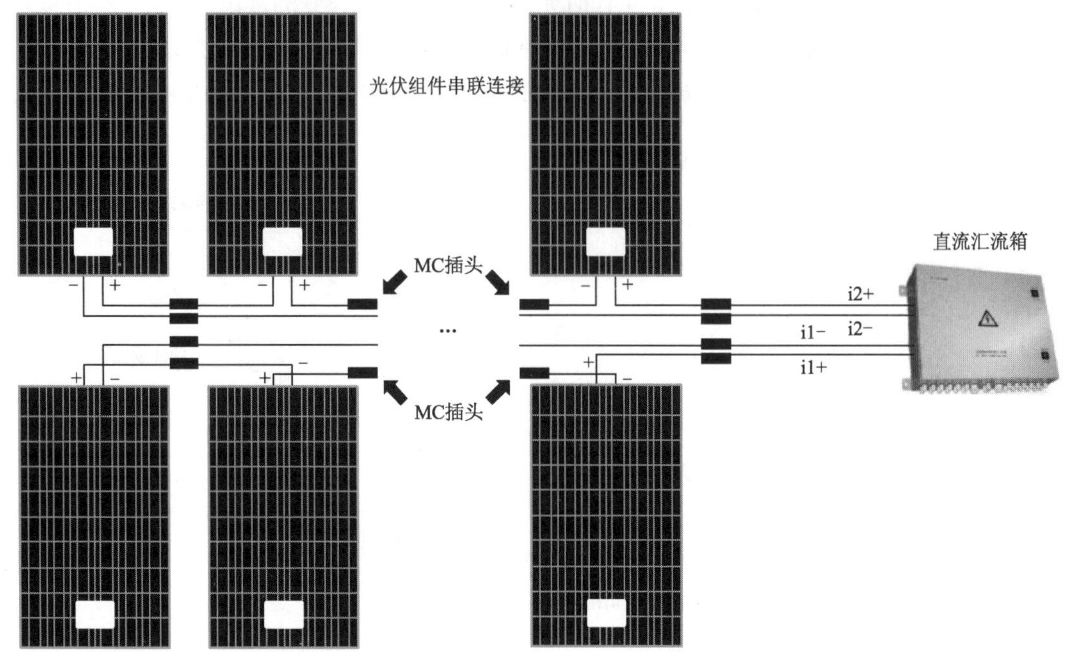

图2-11　光伏组件的电气连接图

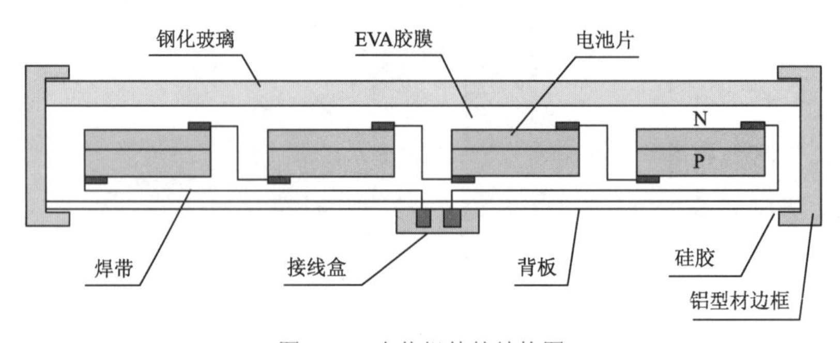

图2-12　光伏组件的结构图

6. 光伏组件的常见故障及分析

（1）光伏组件的 PID 现象

PID（Potential Induced Degradation，电位诱发衰减）产生的原因是电池片和组件边框之间产生漏电流，最终导致光伏组件的电位衰减。

PID 现象产生的原因：水汽进入组件，EVA 胶膜水解出醋酸，醋酸与钢化玻璃中析出的碱反应产生钠离子，靠近光伏组件负极的电池片在负偏压的作用下产生漏电流，漏电流导致钠离子由钢化玻璃到电池片表面移动，导致光伏组件的电位衰减，从而影响光伏组件的性能。光伏组件 PID 产生过程示意图如图 2-13 所示。

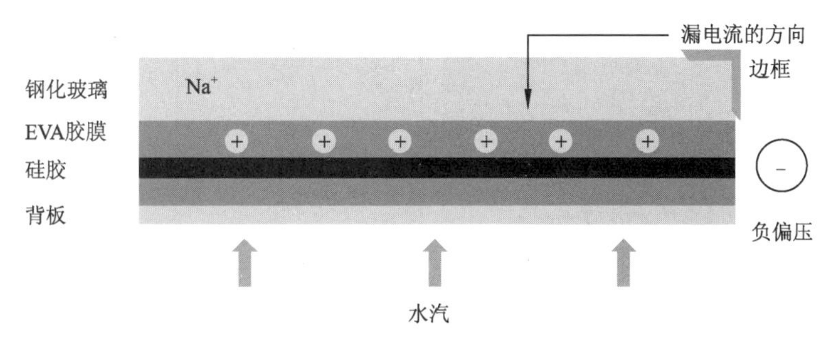

图2-13 光伏组件PID产生过程示意图

防范 PID 衰减的方法有：采用质量更好的组件材料和升级制造工艺，提高 EVA 胶膜的可靠性，使光伏组件负极接地或给光伏组件施加正向偏压。

（2）光伏组件的热斑效应

由于阴影、遮挡等原因导致光伏电池组件出现的热斑现象如图 2-14 所示。

图2-14 光伏组件的热斑现象

热斑效应是由于在一定条件下，一串联支路中被遮蔽的光伏电池组件将被当作负载消耗其他有光照的光伏电池组件所产生的能量，被遮蔽的光伏电池组件此时会发热。热斑效应使光伏电池组件的实际使用寿命至少减少 10%。在实际使用光伏电池组件中，若热斑效应产生的温度超过了一定极限将会使光伏电池组件上的焊点熔化并毁坏栅线，长时间的热斑会对组件造成永久损坏。热斑效应产生的原因大致有：飞鸟、尘土、落叶等遮挡物在光伏组件上形成了阴影；在大型光伏方阵中行间距设置得不合理互相形成阴影，或树枝、积雪等在光伏组件上形成阴影，从而导致热斑效应。热斑效应形成的原因如图 2-15 所示。

解决热斑效应的方法是在接线盒中各个电池串之间反向并联一个旁路二极管如图 2-16 所示。旁路二极管的作用是当电池片出现热斑效应不能发电时，起旁路作用，让其他电池片所产生的电流从二极管流出，使太阳能发电系统继续发电，不会因为某一片电池片出现问题而产生发电电路不通的情况。

（a）落叶和落花形成阴影　（b）沙尘形成阴影

（c）光伏阵列间距不合理形成阴影　（d）积雪形成阴影

图2-15　热斑效应形成的原因

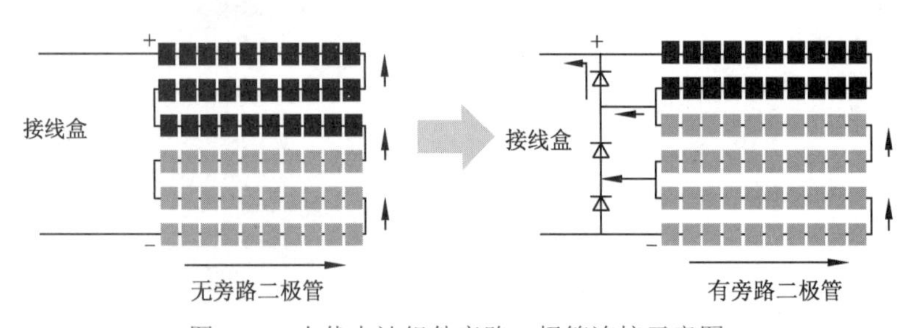

图2-16　光伏电池组件旁路二极管连接示意图

热斑效应的防范方法是保持光伏电池组件表面的清洁；进行合理设计，保证光伏电池组件不会被遮挡并配备热成像仪，发现肉眼难以发现的热斑，提早防范安全隐患。

（3）光伏组件的闪电纹现象

闪电纹也称蜗牛纹，闪电纹产生的原因为 EVA 胶膜的交联度不均匀导致使用后产生不均匀的应力，使电池片产生隐裂，隐裂处会产生热斑效应，从而导致 EVA 胶膜或栅线烧掉。光伏组件的闪电纹如图 2-17 所示。

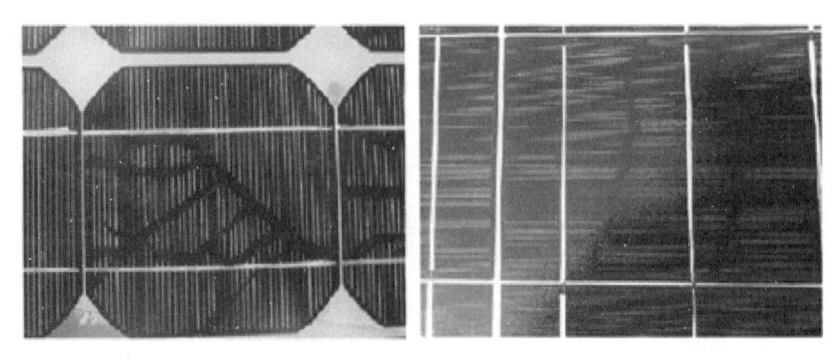

图2-17　光伏组件的闪电纹

（4）光伏组件的其他故障现象

① 光伏组件接线盒问题。如图 2-18 所示，光伏组件接线盒背板胶黏度较低，产生轻脱现象或接线盒内导电金属片接触面较小使得接触电阻变大。

图2-18　光伏组件的接线盒问题

② 电池片与 EVA 胶膜脱层。如图 2-19 所示，光伏组件内电池片与 EVA 胶膜脱层。

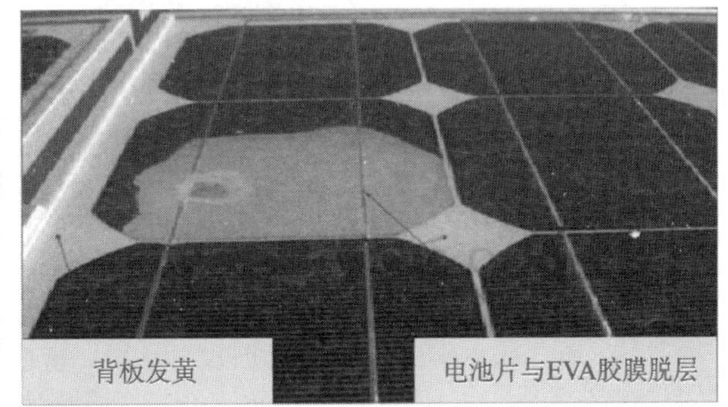

图2-19　电池片与EVA脱层

③ 接线盒内汇流盒和旁路二极管氧化。如图 2-20 所示，光伏组件接线盒内由于渗水导致汇流条和旁路二极管氧化。

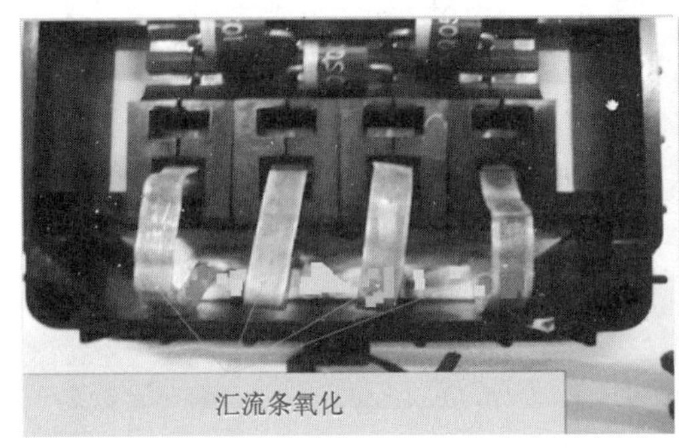

图2-20　接线盒内汇流条和二极管氧化

④ 接线盒烧坏。如图 2-21 所示，光伏组件的接线盒出现烧坏现象。

⑤ 光伏组件开裂破损。由于人为踩踏、设计、安装不合理或其他原因造成组件的破损，如图 2-22 和图 2-23 所示。

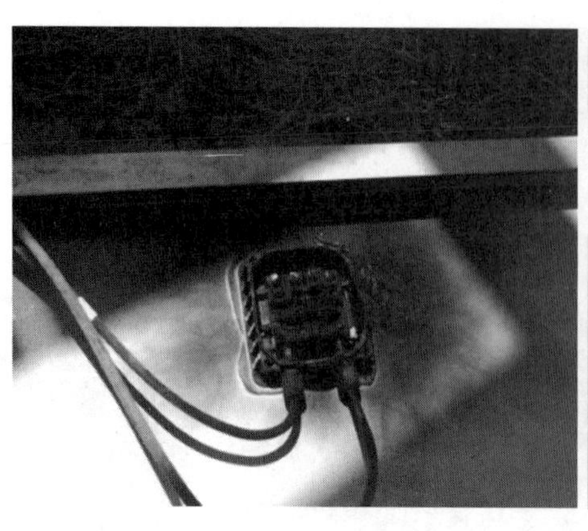

图2-21　光伏组件的接线盒烧坏

图2-22　设计时没有预留运维通道造成光伏组件被大面积踩踏

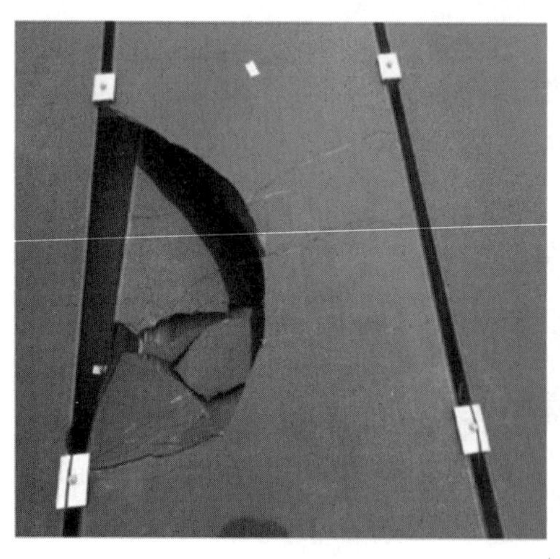

（a）人为踩踏造成的破坏

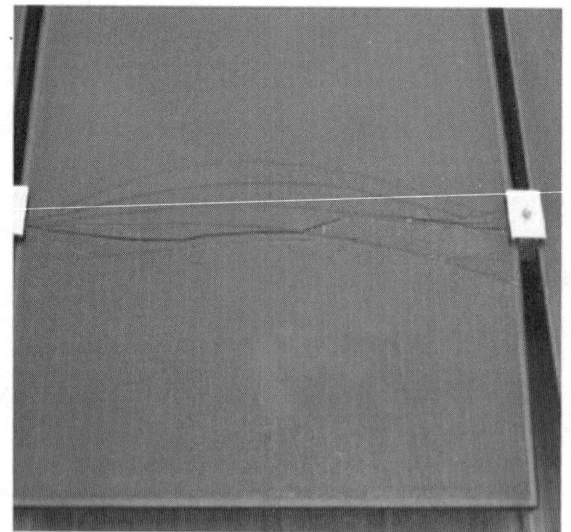

（b）安装压块过紧造成的破坏

图2-23　光伏组件的开裂破损

⑥ 光伏组件的连接线或连接头断裂。光伏组件之间的连接线断开或接触不好，导致光伏组件间的导电性能下降，如图 2-24 所示。

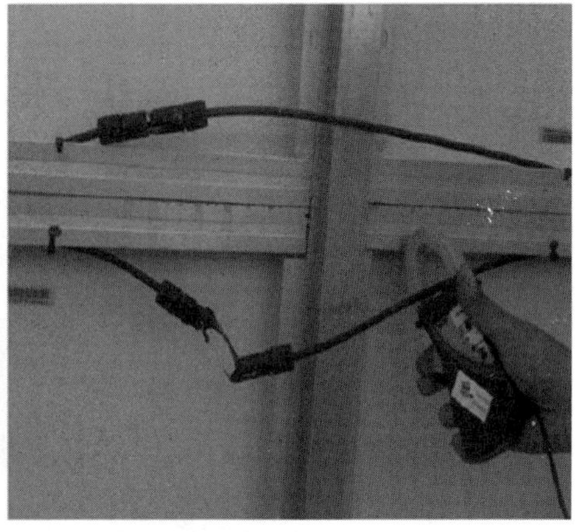

图2-24　光伏组件的连接线或连接头断裂

2.2.2　光伏防雷汇流箱简介及常见故障分析

1. 光伏防雷汇流箱的分类

在太阳能光伏发电系统中，为了减少太阳能光伏阵列与逆变器之间的连线使用了光伏防雷汇流箱。用户可以将一定数量、规格相同的光伏组件串联起来，组成一个个光伏组件串列，然后将若干个光伏组件串列并联接入光伏防雷汇流箱，经过光伏防雷汇流箱内汇流后，通过直流配电柜、光伏逆变器、交流配电柜，从而构成完整的光伏发电系统，实现与市电并网。光伏防雷汇流箱的发展已经经历了三代，第一代光伏防雷汇流箱只具有汇流、防雷的功能；第二代除了具备汇流防雷功能外，还具有监控功能，可以监控每一路的电流和电压；第三代除了具备前面两代产品的优点外，还可以进行汇流箱失效报警、数据采集、无线数据传输，以及检测汇流箱内的温度和湿度等功能。另外，根据输入到防雷汇流箱的光伏组串的路数可以将光伏防雷汇流箱分为4路、8路、10路、12路、16路等几种类型。根据汇流箱是否带监控可以将光伏防雷汇流箱分为带监控的智能型和不带监控的非智能型两种类型。光伏防雷汇流箱的外观如图2-25 (a) 和图2-25 (b) 所示。

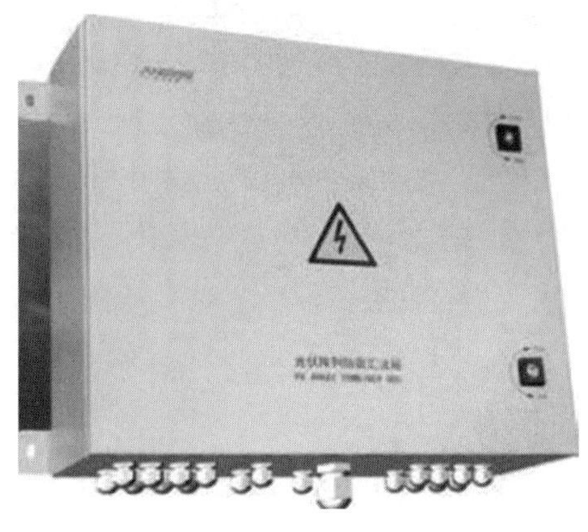

（a）光伏防雷汇流箱8进1出

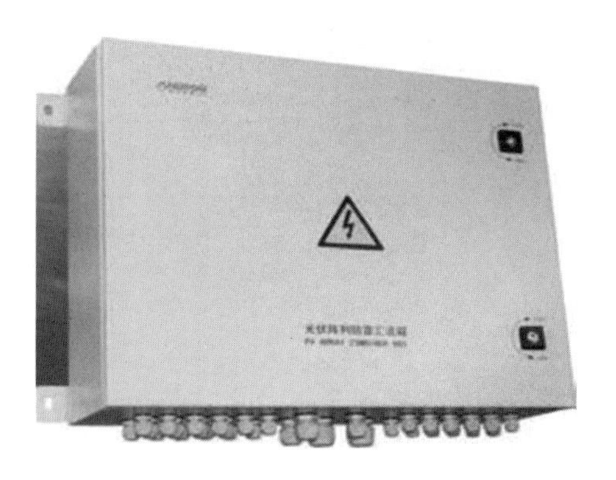

（b）光伏防雷汇流箱16进1出

图2-25　光伏防雷汇流箱

2. 光伏防雷汇流箱的组成结构

光伏防雷汇流箱的组成结构如图 2-26、图 2-27 和图 2-28 所示。

图 2-26 所示的光伏防雷汇流箱为第一代智能汇流箱，从图中可以看出该种类型的汇流箱只具备汇流和防雷功能；图 2-27 和图 2-28 为第三代光伏防雷汇流箱，这种汇流箱除了提供汇流防雷功能外，还具备监测光伏组串的运行状态，检测光伏组串汇流后电流、电压、防雷器状态、箱体内温度状态等信息。另外，光伏汇流箱装置标配有 RS485 接口，可以把测量和采集到的数据上传到监控系统。

图2-26　第一代光伏防雷汇流箱的内部结构

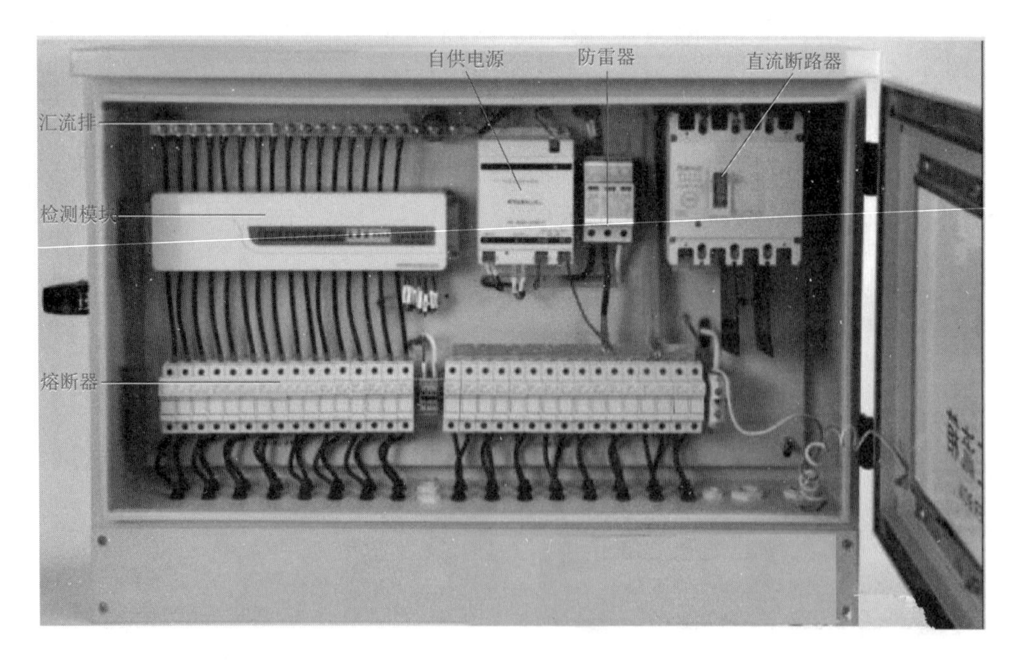

图2-27　第三代光伏防雷汇流箱的内部结构图一

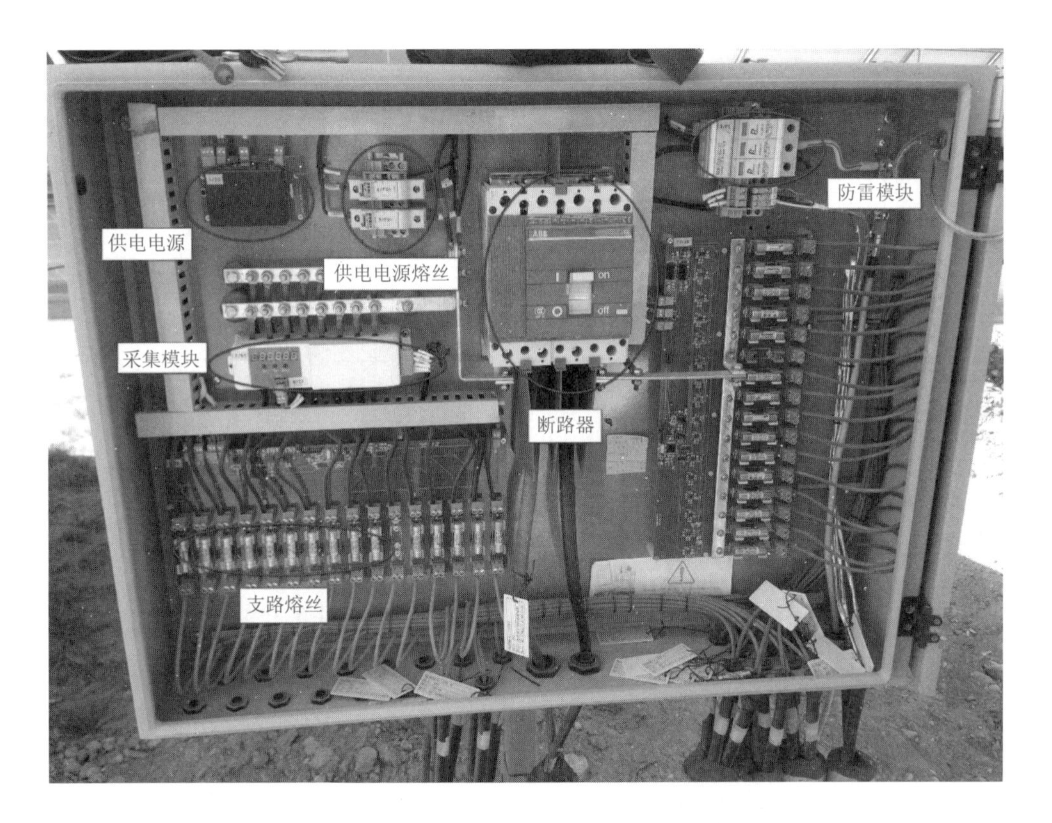

图2-28　第三代光伏防雷汇流箱的内部结构图二

3. 光伏防雷汇流箱的电气连接

以智能型光伏防雷汇流箱为例，其相应的电气连接图如图 2-29 所示。

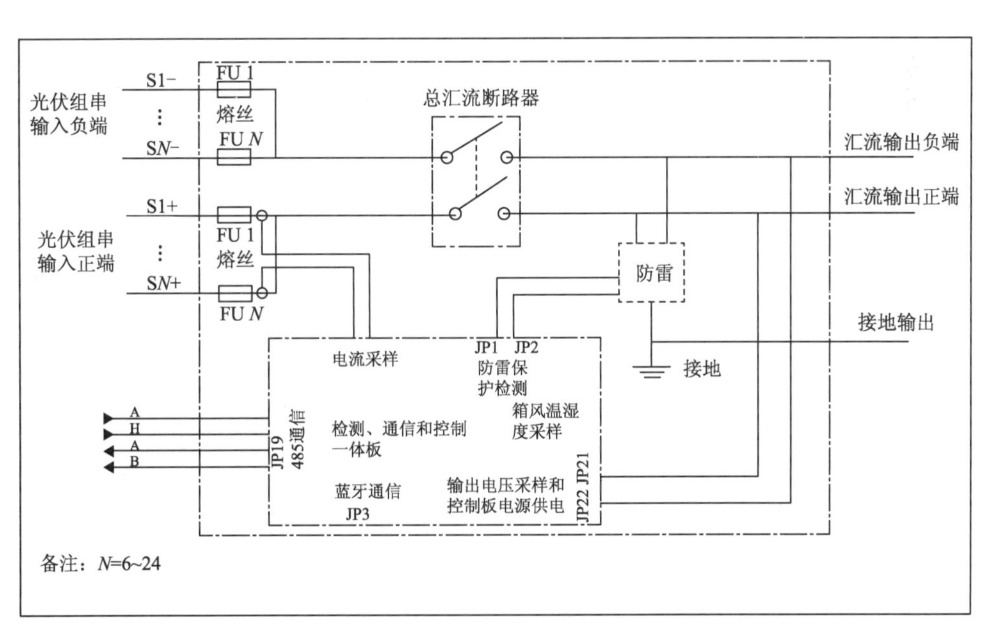

图2-29　智能型光伏防雷汇流箱的电气连接图

以智能型光伏防雷汇流箱为例，其相应的外部接口电气连接图如图 2-30 所示。

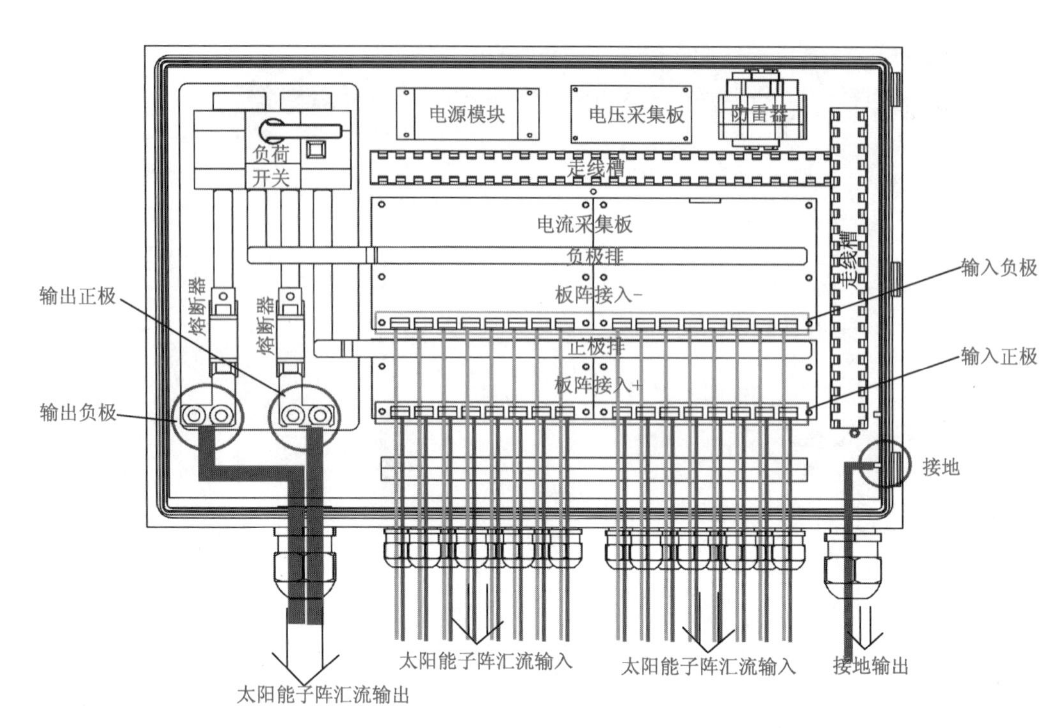

图2-30　智能型光伏防雷汇流箱的外部接口电气连接图

4. 光伏防雷汇流箱的常见故障及分析

光伏防雷汇流箱的常见故障现象有：

（1）通信故障

表现为 RS485 通信线松动导致接触不良或通信模块的熔丝烧断而使通信中断，在光伏电站监控系统中看不到光伏防雷汇流箱的电流电压等信息。

（2）总汇流断路器故障

由于汇流箱露天安置，长期暴露在空气中，加速了断路器的老化，再加上断路器经常操作造成的机械磨损，使断路器脱扣器损坏。

（3）光伏防雷汇流箱烧坏

由于光伏防雷汇流箱长期运行，箱内发生内部短路故障，导致拉弧，致使汇流箱烧毁，如图 2-31 所示。

图2-31　光伏防雷汇流箱烧坏故障

（4）光伏防雷汇流箱内熔丝熔断

熔断丝熔断的原因有：长时间过载，环境温度高，散热不好及其他因素导致的发热量大（如保险夹虚接、电缆虚接等）。

（5）汇流箱门隙过大，风沙进入导致电气故障

由于汇流箱是安装在室外，如果汇流箱门隙过大，风沙、雨水等容易进入到汇流箱中。另外，汇流箱线的进、出口没有添加防火堵泥也容易导致安全事故的发生，如图 2-32 所示。

（a）汇流箱门隙过大，雨水、风沙容易进入

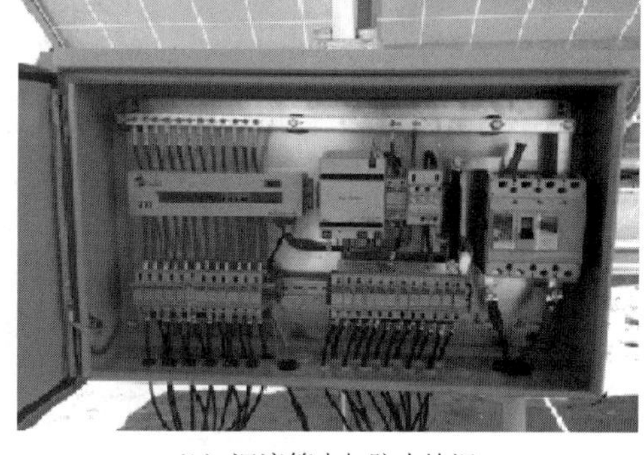

（b）汇流箱未加防火堵泥

图2-32　汇流箱门隙过大及未加防火堵泥

添加了防火堵泥的汇流箱如图 2-33 所示。

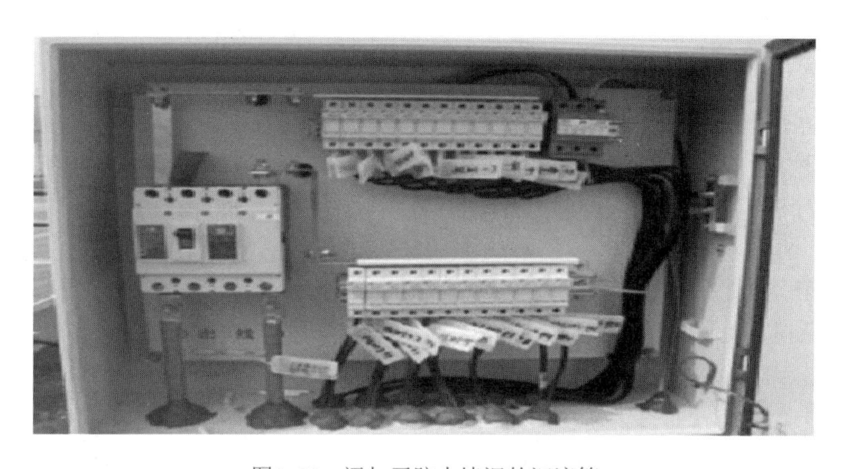

图2-33　添加了防火堵泥的汇流箱

2.2.3　交、直流配电柜简介及常见故障分析

1. 直流配电柜的组成结构

直流配电柜主要应用在大型光伏电站，用来连接汇流箱与光伏逆变器，直流配电柜将光伏防雷汇流箱输出的直流电流进行二次汇流并输入到并网逆变器，并提供防雷及过电流保护、监测光伏阵列的单串电流、电压及防雷器状态、短路器状态。直流配电柜的具体功能如下：

① 为逆变器提供 30 ～ 300 kW 不同等级直流输入电流。

② 提供直流输入的电压、电流指示。

③ 提供分路通、断状态指示。

④ 具有防逆流、过电流保护功能。

⑤ 提供防雷器失效报警功能。

直流配电柜的外观图和电气连接图分别如图 2-34（a）和图 2-34（b）所示。

（a）直流配电柜外观图

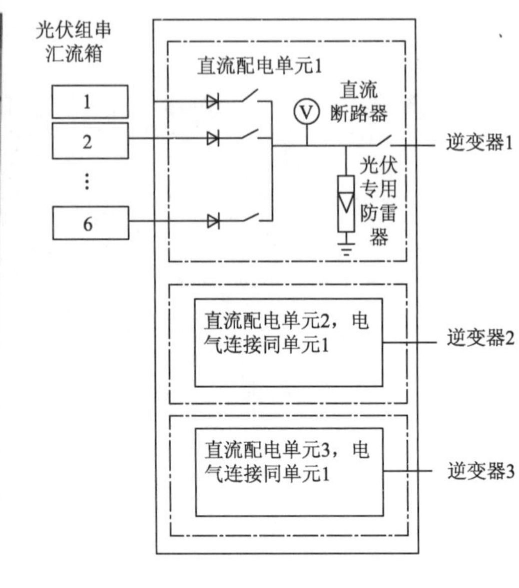

（b）直流配电柜电气连接图

图2-34 直流配电柜的外观和电气连接图

从图 2-34 中可以看出，直流配电柜中包括直流断路器、防反二极管、光伏专用防雷器等构成。

2. 交流配电柜的组成结构

光伏电站交流配电柜是用来接收和分配交流电能的电力设备。它主要由控制电器（断路器、隔离开关、负荷开关等）、保护电器（熔断器、继电器、避雷器等）、测量电器（电流互感器、电压互感器、电压表、电流表、电能表、功率因数表等）等组成。

交流配电柜系统按照设备所处场所，可分为户内配电柜系统和户外配电柜系统；按照电压等级，可分为高压配电柜系统和低压配电柜系统；按照结构形式，可分为装配式配电柜系统和成套式配电柜系统。

交流配电柜为逆变器与并网点间的配电设备之一，其主要功能是进行短路、过电流、计量、防雷保护等。交流配电柜的外观和电气连接图如图 2-35（a）和图 2-35（b）所示。

3. 交、直流配电柜的常见故障分析

（1）配电柜内电器选择不当引起的故障

由于在制造时对防反二极管、断路器的电器电流容量选择不当，未能将电器电流等级在正常选择型号基础上，提高一个电流等级选择，而导致夏季高温季节运行时出现配电柜内电器烧坏的情况。

(a) 交流配电柜外观

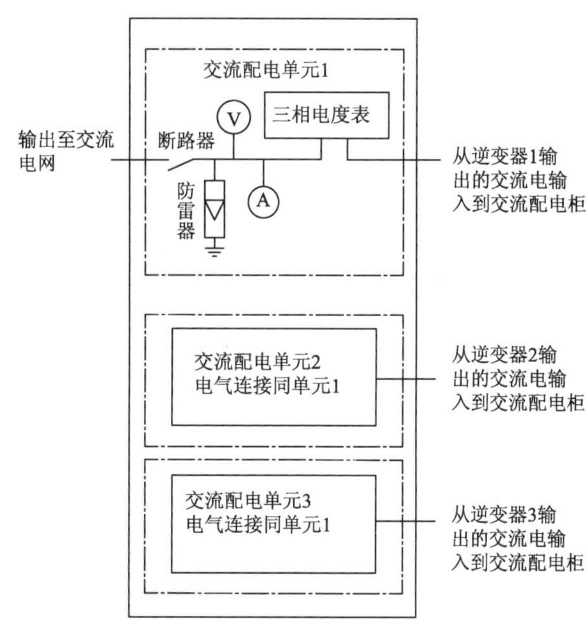

(b) 交流配电柜电气连接图

图2-35 交流配电柜的外观及电气连接图

(2) 环境温度对低压电器影响引起的故障

配电柜中的低压电器如熔断器、断路器、剩余电流动作保护器、电容器及计量表等，按低压电器基本标准进行设计和制造时，对它们的正常工作条件做了相应规定：周围空气温度的上限不超过 40 ℃；周围空气温度 24 h 的平均值不超过 35 ℃；周围空气温度的下限不低于 -5 ℃或 -25 ℃，所以在盛夏高温季节，箱体内的温度将会达到 60 ℃以上，这时的温度大大超过了这些电器规定的环境温度，因而会发生因配电箱内电气元件过热而引起故障。

(3) 产品质量引起的故障

产品质量的要求不严格的现象，造成了一些产品投入运行后不久就发生故障。例如，有些型号断路器、光伏防雷专用器在配电柜投运后不久，就无法运行。

2.2.4 逆变器简介及常见故障分析

1. 逆变器定义、分类和应用

(1) 逆变器的定义

逆变是与整流相反的过程，是一个将直流电能变换成交流电能的过程。逆变器则是指用来完成逆变功能的电路或用来实现逆变过程的装置。

(2) 逆变器的分类和应用

按逆变器输出交流电能的频率分为：工频逆变器（频率为 50 ～ 60 Hz）、中频逆变器（频率为 400 Hz ～ 20 kHz）和高频逆变器（频率为 20 kHz ～ 10 MHz）。

按逆变器输出的相数分为：单相逆变器、三相逆变器和多相逆变器。

按光伏组件接入情况分为单组串式、多组串式、集中式逆变器、集散式逆变器和微型逆变器；其中，集中式逆变器的功率在50～500 kW之间，集散式逆变器与集中式逆变器的功率基本相同，组串式逆变器的功率在1～30 kW之间，微型逆变器的功率在150～900 W之间。逆变器的分类如图2-36所示。逆变器的外观如图2-37所示。

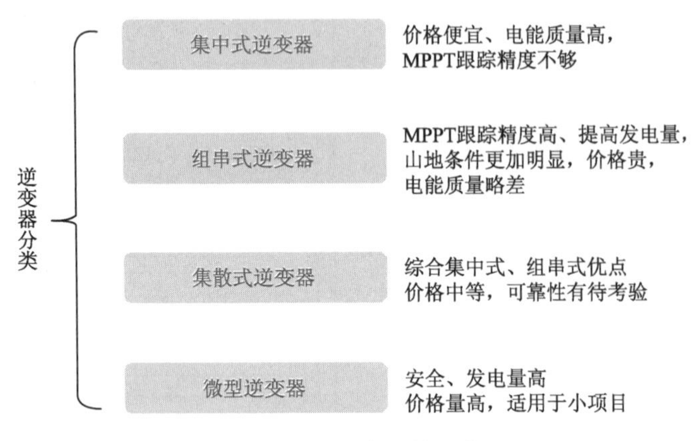

图2-36　逆变器的分类

（a）集中式逆变器　（b）组串式逆变器　（c）微型逆变器

图2-37　逆变器的外观

集中式逆变器的功率器件采用大电流IGBT（绝缘栅双极型晶体管），系统拓扑结构采用DC-AC一级电力电子器件进行全桥逆变，一般体积较大，采用室内立式安装。组串式逆变器的功率开关管采用MOSFET（金属氧化物半导体场效应晶体管），拓扑结构采用DC-DC-BOOST升压和DC-AC全桥逆变两级电力电子器件变换，一般体积较小，可室外臂挂式安装；集中式逆变器与组串式逆变器的应用如图2-38所示。

微型逆变器的功率开关管采用MOSFET，拓扑结构采用DC-AC-BOOST升压和AC-DC整流后，再经DC-AC全桥逆变形成交流电，一般体积较小，可室外悬挂式安装；微型逆变器的电路工作原理图如图2-39所示。

微型逆变器的应用案例如图2-40所示。图中①为光伏组串用来产生直流电输出；②为微型逆变器，用来将光伏板产生的直流电转化为交流电，并入电网中；③为交流配电箱，实现空开、防雷保护等功能；④为家庭内部负载；⑤为监控系统，通过电力线载波收集系统中所有逆变器的信息，并将信息通过互联网发送给网页服务器，用户可以通过网页查看系统状态；⑥为电网，可以将系统多余的电量卖给电网。

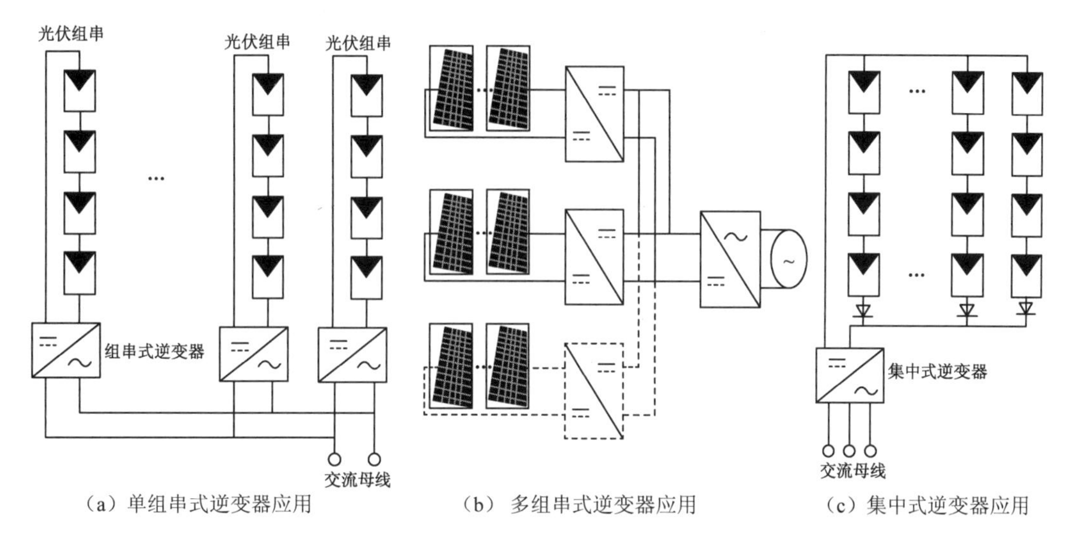

（a）单组串式逆变器应用　　（b）多组串式逆变器应用　　（c）集中式逆变器应用

图2-38　集中式逆变器与组串式逆变器的应用

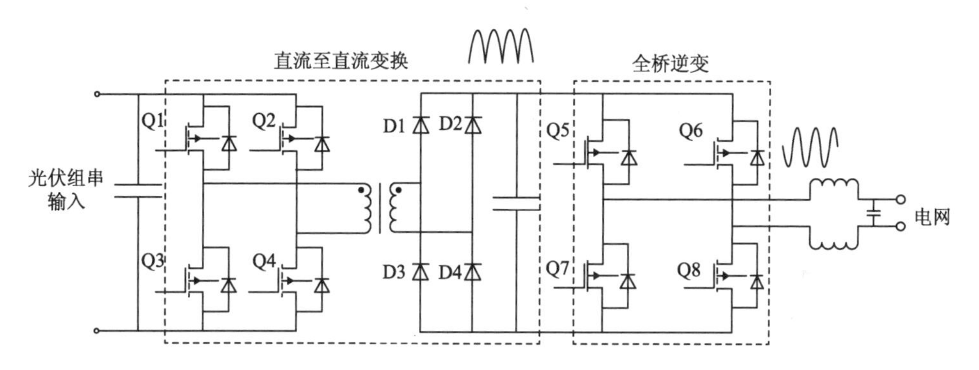

图2-39　微型逆变器的电路工作原理图

Q_1～Q_8—P沟道MOSFET

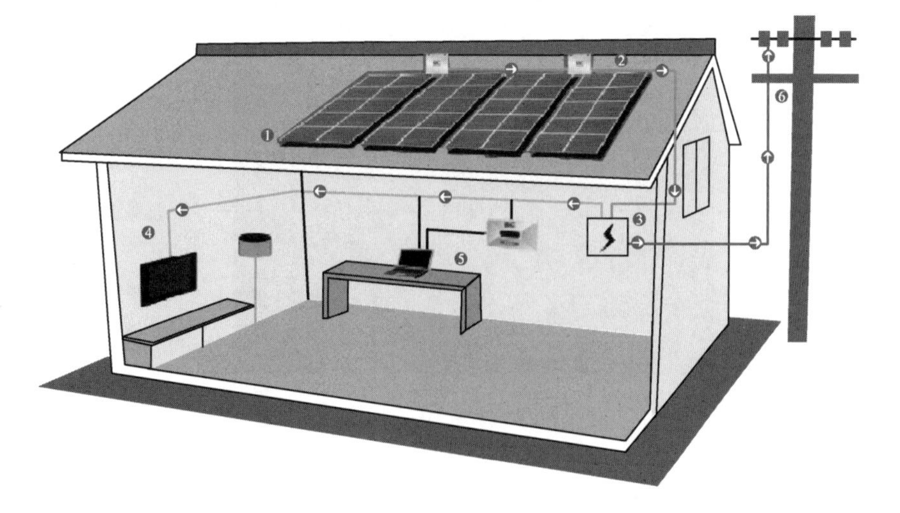

图2-40　微型逆变器的应用案例

目前的光伏发电系统，8 kW 以下可接入 220 V；8 ～ 400 kW 可接入 380 V；400 kW ～ 6 MW 可接入 10 kV。根据逆变器的特点，220 V 项目选用单组串式逆变器，8 ～ 30 kW 选用三相组串式逆变器，50 kW 以上的项目，可以根据实际情况选用组串式逆变器或集中式逆变器。

微型逆变器应用案例的系统框图如图 2-41 所示。

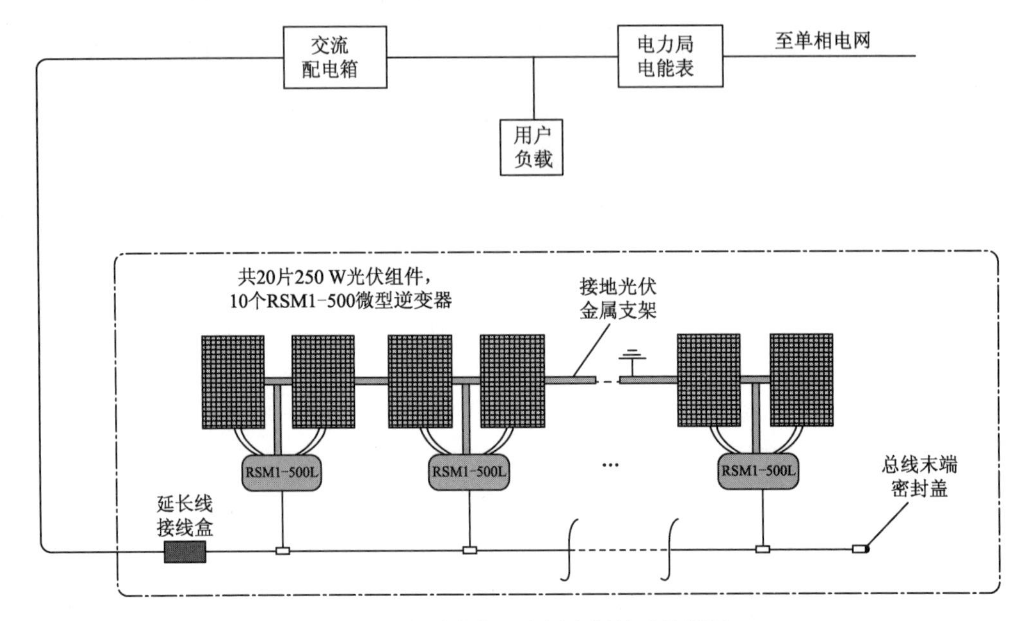

图2-41　微型逆变器应用案例的系统框图

2. 大型地面并网光伏电站中的逆变器简介

目前，大型地面并网光伏电站中所使用的逆变器一般为集中式三相并网逆变器，其对应的外观如图 2-42 所示。

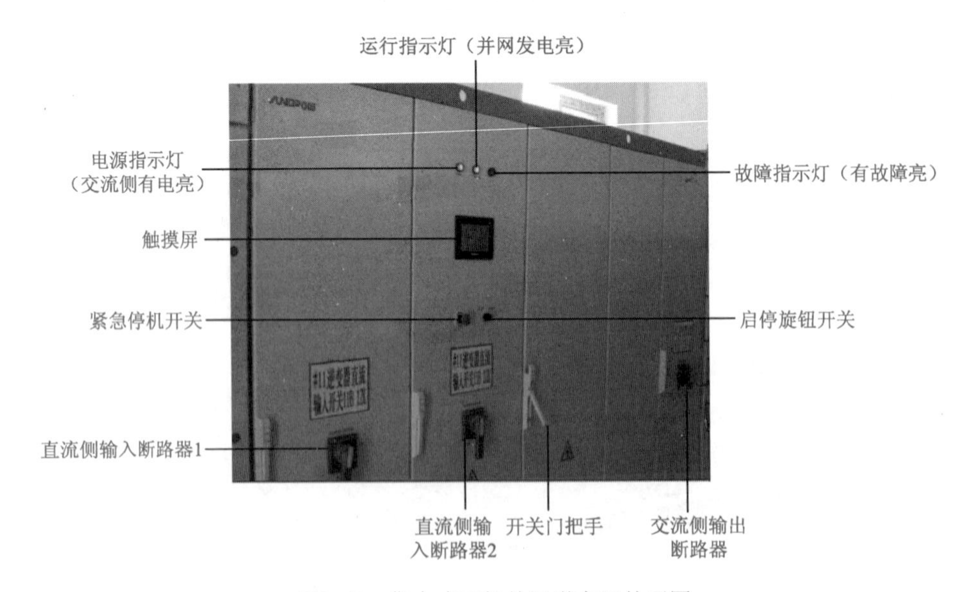

图2-42　集中式三相并网逆变器外观图

在大型地面并网光伏电站的逆变器室中实际上集中式三相并网逆变器是和直流输入柜、驱动柜和交流输出柜并排安置在一起的，称为并网逆变器的四柜体结构，如图 2-43 所示。在图 2-43 中，柜号为 1 的柜体称为直流输入柜，柜号为 2 的柜体称为三相逆变柜，柜号为 3 的柜体称为驱动柜，柜号为 4 的柜体称为交流输出柜。集中式三相并网逆变器的电路原理图如图 2-44 所示。

图2-43　集中式三相并网逆变器四柜体结构

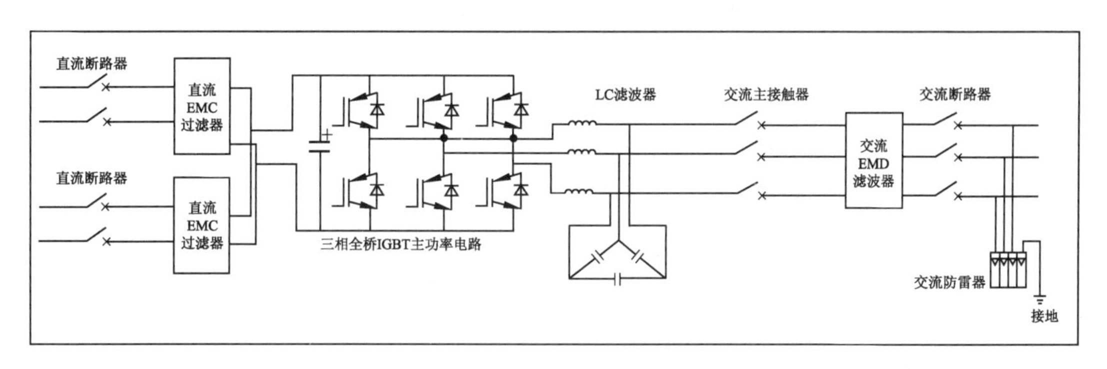

图2-44　集中式三相并网逆变器电路原理框图

3. 大型地面并网光伏电站中集中式三相并网逆变器的常见故障分析

（1）集中式三相并网逆变器简单故障诊断方法

通过面板上的指示灯进行简单故障判断，如果故障指示灯亮（红色），则是以下几种故障：短路、IGBT 模块过热、IGBT 模块故障，直到故障被排除后才熄灭；如果是运行指示灯频闪，则是电网故障（电网欠电压、过电压、欠频、过频）引起，故障排除后运行指示灯长亮。在系统出现故障后，应先将旋钮开关置于 OFF 位置，然后关闭交流断路器和直流断路器。

（2）通过详细故障信息进行故障诊断

当集中式并网逆变器系统出现故障时，一般会在触摸屏上显示出详细的故障信息，通过故障信息即可定位和查找分析故障，集中式三相逆变器故障信息如表 2-2 所示。

表2-2　集中式三相逆变器故障信息表

故障类型	故障原因	处理方式	备　注
光伏组串反接	光伏阵列正极、负极接反	检查PV阵列线路连接	
光伏组串过电压	光伏阵列电压高于1 000 V	减小阵列串联数量	
光伏组串绝缘阻抗低	光伏阵列正极或负极对大地阻抗小于40 kΩ	检查PV阵列线路连接	
相序故障	三相交流线路连接错误	检查线路连接	
电网电压异常	电网电压超过85%～110%范围	检查电网	等电网恢复后自动重新启动
电网频率异常	电网频率超过48～52 Hz范围	检查电网	等电网恢复后自动重新启动
液晶通信故障	液晶屏与逆变器通信故障	联系生产商	
冗余辅助电源故障	备份的辅助开关电源故障	更换备份辅助开关电源	为可靠起见，请及时更换
直流防雷模块故障	直流侧防雷模块失效	更换同型号防雷模块，如故障仍存在，联系生产商	更换后，重新启动
交流防雷模块故障	交流侧防雷模块失效	更换同型号防雷模块，如故障仍存在，联系生产商	更换后，重新启动

（3）典型故障案例分析

① 案例一　现象：某大型光伏电站业主反馈逆变器报“交流浪涌保护器”失效故障。经售后人员现场排查后发现，逆变器的 PV- 对地电压为 0 V，PV+ 对地有 750 V。最后发现汇流箱有接地的情况。

分析：逆变器遭雷击的概率较小，当地并没有出现雷电天气，一般交流浪涌保护器失效的主要原因是由于 PV 输入端有接地的情况。

② 案例二　现象：某大型光伏电站的一台 500 kW 逆变器无法正常开机，始终停留在自检过程中，查看详细故障后报交流互感器故障，在开机过程中能听到功率模块发出异常的声音，且液晶显示并网电流为零，查看每一相的并网电流显示都为零。查看电表的电流示数也是零或者 1 A 左右。

分析：在现场初次并网时，发生并网谐振，引起电容过电流而损坏。再次开机自检时检测到电容电流为 0 A，并且开机报交流电流传感器故障，现场对电容进行更换并升级程序即可排除故障。

③ 案例三　现象：某大型电站的一台逆变器，在并网启机时，交流接触器不能吸合。

分析：检查交流接触器，发现周围的接线没有问题。发送备件对交流接触器进行更换，最后问题得以解决。对有问题的交流接触器进行分析，打开后发现该交流接触器内部的接线已经松动。最后确定是交流接触器产品质量问题。

④ 案例四　现象：某大型光伏电站业主反馈液晶屏显示的总发电量与电表的发电量不一致。

分析：此问题属正常现象，液晶显示的发电量精度不及电表，存在细小误差，累计发电量可能会相差较大，如果要求精度请在统计发电量时应以交流侧电表为准。

⑤ 案例五　现象：某大型光伏电站业主反馈一台 500 kW 机器停止运行，液晶屏无显示，控制供电异常，内外供电断路器均合上。

分析：售后人员经检查发现电表、3 个交流防雷模块已烧毁，接外供电时辅助变压器有异响，经分析也已经烧坏。售后人员了解产品的近期使用情况发现该厂区使用了防逆流装置直接控制主回路投切。该防逆流装置每天会进行多次动作，逆变器在瞬间掉电情况下，变压器内和逆变器内能量在释放过程中会把三相电压拉高，导致逆变器内部件损坏。

2.2.5　升压变压器简介及常见故障分析

1. 升压变压器的定义

光伏电站中升压变压器是将逆变器输出的交流电的电压等级提升到并网点处的电压等级的一种设备，光伏电站常用变压器类型为干式和油浸式。

2. 升压变压器的分类

按结构分类，有双绕组变压器、三绕组变压器、多绕组变压器、自耦变压器；按冷却方式分类，有油浸式变压器、干式变压器；按容量大小分类，有小型变压器（630 kV·A及以下）、中型变压器（800～6 300 kV·A及以下）、大型变压器（8 000～63 000 kV·A及以下）和特大型变压器（90 000 kV·A及以上）。在大型地面并网光伏电站中用得较多的双分裂升压变器属于上述的三绕组变压器，而主变压器则属于油浸式变压器。油浸式变压器的外观如图2-45所示。

图2-45　油浸式变压器的外观

3. 双分裂变压器的定义和特点

双分裂变压器是将其中一个绕组（通常是低压绕组）分裂成电路上不相连而在磁路上只有松散耦合的两个绕组的变压器。

双分裂变压器的特点是在变压器中，低压线圈分裂成额定容量相等的两部分或者几部分，线圈之间没有电的联系，而仅有较弱的磁联系。分裂绕组的每个支路可以单独运行，也可以在额定电压相同时并联运行，低压线圈分裂后，可以大大地增加高压线圈与低压线圈各分裂部分之间，以及低压分裂线圈之间的短路阻抗，从而很好地限制网络的短路电流，因此分裂变压器在电力系统中得到广泛的应用。双分裂干式变压器的外观如图 2-46 所示。

图2-46　双分裂干式变压器

4. 光伏电站中箱式变电站的定义、分类和特点

光伏电站中使用的箱式变电站（简称箱变）是一种将低压配电装置、双分裂干式升压变压器和高压开关设备，按一定的接线方案将低压受电、变压器升压、高压配电等功能有机地组合在一起，安装在一个防潮、防锈、防尘、防鼠、防火、防盗、隔热、全封闭、可移动的钢结构箱体内，全封闭运行，特别适用于城网建设与改造，是继土建变电站之后崛起的一种崭新的变电站。箱式变电站按照结构形式分为组合式变电站（简称美式箱变）和预装式变电站（简称欧式箱变），欧式箱变的外观如图 2-47 所示。

美式箱变的优点是体积小、占地面积小、便于安放、便于伪装，容易与小区的环境相协调。可以缩短低压电缆的长度，降低线路损耗，还可以降低供电配套的造价。

美式箱变的缺点是供电可靠性低；无电动机构，无法增设配电自动化装置；无电容器装置，对降低线损不利；由于不同容量箱变的土建基础不同，使箱变的增容不便；当箱变过载后或用户增容时，土建要重建，会有一个较长的停电时间，增加工程的难度。

图2-47　欧式箱变的外观

欧式箱变的优点是辐射较美式箱变要低，因为欧式箱变的变压器是放在金属的箱体内起到屏蔽的作用；欧式箱变的缺点是体积较大，不利于安装，对小区的环境布置有一定的影响；基于美式和欧式箱变的上述优缺点，故在地面大型并网光伏电站中多数情况下采用的是欧式箱变。大型地面并网光伏电站中欧式箱变的电气连接图如图 2-48 所示。

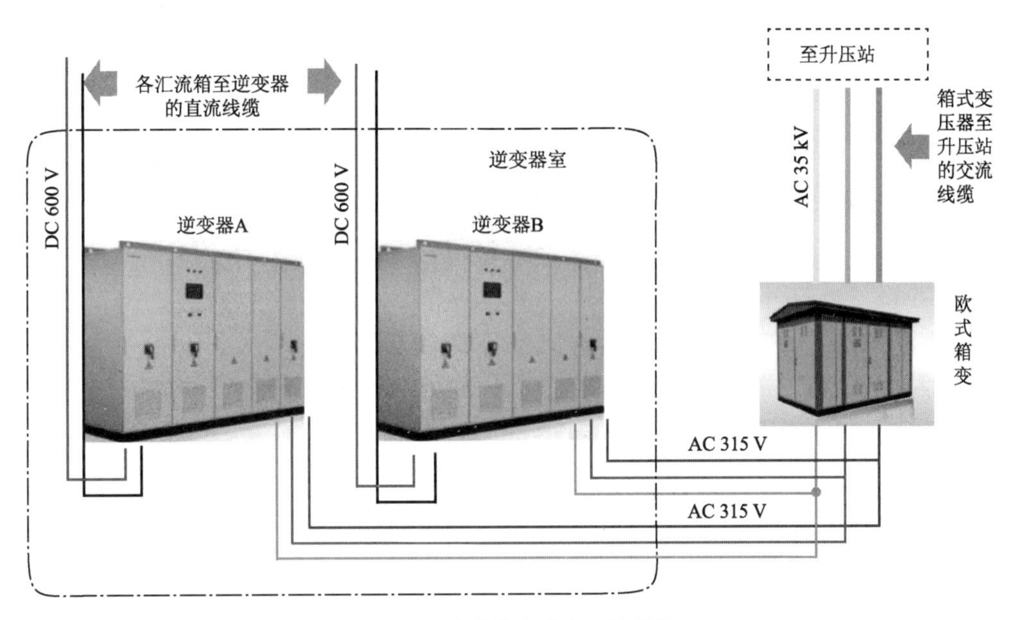

图2-48　欧式箱变的电气连接图

5. 主升压变压器

目前，用于光伏发电行业的主升压器电压等级都是 35 kV 及以上，采用双绕组形式居多，形式多采用油浸式变压器，变压器的容量在 10 000 kV · A 以上，均采用有载调压的形式，冷却方式采用自然冷却和强迫风冷。主变压器的外观如图 2-49 所示。

图2-49　主变压器外观

6. 大型地面并网光伏电站中变压器的常见故障分析

在大型地面并网光伏电站中变压器常见的故障现象为升压房中双分裂干式升压变压器烧坏、变黑，如图 2-50 所示。

图2-50　双分裂干式升压变压器烧坏、变黑

逆变器没有交流电送到双分裂干式升压变压器的低压侧，而升压变压器的高压侧没有与电网断开，导致高压侧温度升高而烧坏变压器。

2.2.6　开关柜简介及常见故障分析

1. 开关柜定义、分类和组成结构

（1）开关柜的定义

开关柜（又称成套开关或成套配电装置）：它是以断路器为主的电气设备；是生产厂家根据电气一次主接线图的要求，将有关的高低压电器（包括控制电器、保护电器、测量电器）以及母线、载流导体、绝缘子等装配在封闭的或敞开的金属柜体内，用于电力系统在发电、输电、配电、电能转换和消耗中起通断、控制或保护等作用。它是光伏电站中变电站的主要电力控制设备，当系统正常运行时，能切断和接通线路及各种电气设备的空载和负载电流；

当系统发生故障时，它能和继电保护配合，迅速切除故障电流，以防止扩大事故范围。

（2）开关柜的分类

根据开关柜工作时的电压等级可以将开关柜分为低压开关柜、中压开关柜和高压开关柜，其相应的工作电压等级如表 2-3 所示。

表2-3　开关柜的工作电压等级

序　　号	开关柜类型	工作电压等级
1	低压开关柜	3 kV以下
2	中压开关柜	3～35 kV，具体的电压等级为3 kV、6 kV、10 kV、20 kV、35 kV
3	高压开关柜	35 kV以上

（3）开关柜的组成结构

开关柜的组成：开关柜应满足国标 GB/T 3906—2020《3.6 kV ～ 40.5 kV 交流金属封闭开关设备和控制设备》标准的有关要求，由柜体和断路器两大部分组成，具有架空进出线、电缆进出线、母线联络等功能。柜体由壳体、电气元件（包括绝缘件）、各种机构、二次端子及连线等组成。柜体的功能单元包括母线室、手车室、电缆室、继电器仪表室。柜内电气元件包括常用的一次电器元件（主回路设备）常见的有：电流互感器（CT）、电压互感器（PT）、接地开关、避雷器（阻容吸收器）、隔离开关、高压断路器、高压接触器、高压熔断器、高压带电显示器、绝缘件 [如 : 穿墙套管、触点盒、绝缘子、绝缘热缩（冷缩）护套]、主母线和分支母线、高压电抗器、负荷开关、高压单相并联电容器等；柜内二次元件常用的主要二次元件（又称二次设备或辅助设备，是指对一次设备进行监察、控制、测量、调整和保护的低压器件），常见的有继电器、电能表、电流表、电压表、功率表、功率因数表、频率表、熔断器、空气开关、转换开关、按钮、信号灯、微机综合保护装置等。

高压开关柜的结构：按柜体结构可分为金属封闭铠装式开关柜、金属封闭间隔式开关柜、金属封闭箱式开关柜和敞开式开关柜四大类：

① 金属封闭铠装式开关柜（用字母 K 来表示）主要组成部件（例如：断路器、互感器、母线等）分别装在接地的用金属隔板隔开的隔室中的金属封闭开关设备，如 KYN28A-12、KYN61-40.5 型高压开关柜。

② 金属封闭间隔式开关柜（用字母 J 来表示）与铠装式金属封闭开关设备相似，其主要电气元件也分别装于单独的隔室内，但具有一个或多个符合一定防护等级的非金属隔板，如 JYN2-12、JYN1-40.5 型高压开关柜。

③ 金属封闭箱式开关柜（用字母 X 来表示）外壳为金属封闭式的开关设备，如 XGN2-12、XGN1-40.5 型高压开关柜。

④ 敞开式开关柜，无保护等级要求，外壳有部分是敞开的开关设备，如 GG-1A（F）、GBC 型高压开关柜。

以 KYN28A-12 为例，其组成结构图如图 2-51 所示。

图2-51中母线室一般主母线布置按“品”字形或“1”字形两种结构进行布线；手车室

包括断路器手车、隔离手车、PT手车、避雷器手车、计量手车、熔断器手车等；电缆室内安装有电流互感器、电压互感器、零序互感器、接地开关、避雷器以及电缆端子。电缆室空间充裕、可连接多根电缆；继电器仪表室内设有内摇式安装板，并配以通用的安装孔，可方便地安装凸出式继电器等各类二次设备，方便布线；继电器仪表室门上可安装各种计量仪表、操作开关、信号装置、嵌入式继电器及各类综合保护装置等。

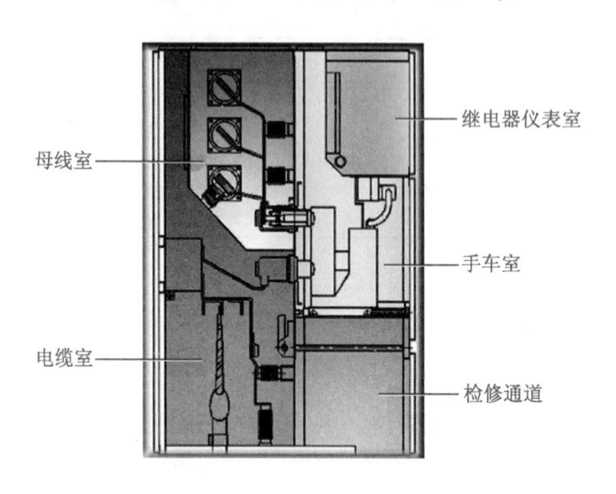

图2-51　开关柜的组成结构

2. 开关柜的常见故障分析

开关柜故障多发生在绝缘、导电和机械方面。

（1）拒动、误动故障

这种故障是开关柜最主要的故障，其原因可分为两类：一类是因操作机构及传动系统的机械故障造成，具体表现为机构卡涩，部件变形、位移或损坏，分合闸铁芯松动、卡涩，轴销松断，脱扣失灵等；另一类是因电气控制和辅助回路造成，表现为二次接线接触不良，端子松动，接线错误，分合闸线圈因机构卡涩或转换开关不良而烧损，辅助开关切换不灵，以及操作电源、合闸接触器、微动开关等故障。

（2）开断与关合故障

这类故障是由断路器本体造成的，对少油断路器而言，主要表现为喷油短路、灭弧室烧损、开断能力不足、关合时爆炸等。对于真空断路器而言，表现为灭弧室及波纹管漏气、真空度降低、切电容器组重燃、陶瓷管破裂等。

（3）绝缘故障

绝缘水平是要正确处理作用在绝缘上的各种电压（包括运行电压和各种过电压）、各种限压措施、绝缘强度这三者之间的关系。在绝缘方面的故障主要表现为外绝缘对地闪络击穿，内绝缘对地闪络击穿，相间绝缘闪络击穿，雷电过电压闪络击穿，瓷瓶套管和电容套管闪络、污闪、击穿、爆炸，提升杆闪络，CT 闪络、击穿、爆炸，瓷瓶断裂等。

（4）载流故障

72 ～ 12 kV 电压等级发生的载流故障主要原因是开关柜隔离插头接触不良导致触点烧熔。

（5）外力及其他故障

外力及其他故障包括异物撞击、自然灾害等不可知的其他外力及意外故障的发生。

2.2.7 静止无功发生器SVG简介及常见故障分析

1. 静止无功发生器的定义

静止无功发生器（Static Var Generator，SVG）属于柔性交流输电系统（FACTS）中的电压稳定及无功补偿装置，也可用于输电系统的潮流控制。它以大功率三相电压型逆变器为核心，接入系统后，与系统侧电压保持同频、同相，通过调节逆变器输出电压幅值与系统电压幅值的关系来确定输出功率的性质。当其幅值大于系统侧电压幅值时提供容性无功，反之，则提供感性无功。

静止无功发生器（SVG）是指采用全控型电力电子器件组成的桥式变流器来进行动态无功补偿的装置，与传统的以晶闸管控制电抗器（Thysistor Controlled Reactor，TCR）为代表的静止无功补偿器（Static Var Compensator，SVC）相比，SVG 的调节速度更快，运行范围宽，而且在采取多重化或 PWM 技术等措施后可大大减少补偿电流中谐波的含量，更重要的是，SVG 使用的电抗器和电容器远比 SVC 中使用的电抗器和电容器要小，这将大大缩小装置的体积和成本。由于 SVG 的优越性能，是今后动态无功补偿装置的重要发展方向。静止无功发生器的外观如图 2–52 所示。

图2–52　静止无功发生器的外观

2. 静止无功发生器的组成

静止无功发生器系统主要由控制柜、起动柜、功率柜、连接电抗器、耦合变压器等组成。其中，控制柜主要由主控制器、脉冲分配单元、触摸屏、通信管理机、PLC 等组成，用来实现 SVG 的实时控制，监控系统运行状态、实时计算电网所需的无功功率，实现动态跟踪和补偿，与上位机及控制中心进行通信等；起动柜结构简单，主要由并网真空开关、充电电阻等器件

构成。当主回路断路器合闸后，系统电压通过充电电阻对功率模块的直流支撑电容进行充电，充电电阻能避免电流过大导致 IGBT 模块或直流支撑电容损坏。当充电完毕后，控制系统闭合并网真空开关；功率柜主要由功率模块组成，是静止无功发生器的主体。SVG 采用级联 H 桥多电平结构，每相包含多台由大功率 IGBT 模块构成的功率模块，符合国际技术发展潮流；连接电抗器用于连接 SVG 与电网，实现能量的缓冲，减少 SVG 输出电流中的开关波纹，降低共模干扰。耦合变压器将电网电压变为适合功率柜工作的电压，实现高压与低压的电气隔离，增加系统可靠性。

3. 静止无功发生器的分类

静止无功发生器可以分为变压器耦合式和直挂式两种,其对应的电气原理图分别如图 2-53 和图 2-54 所示。

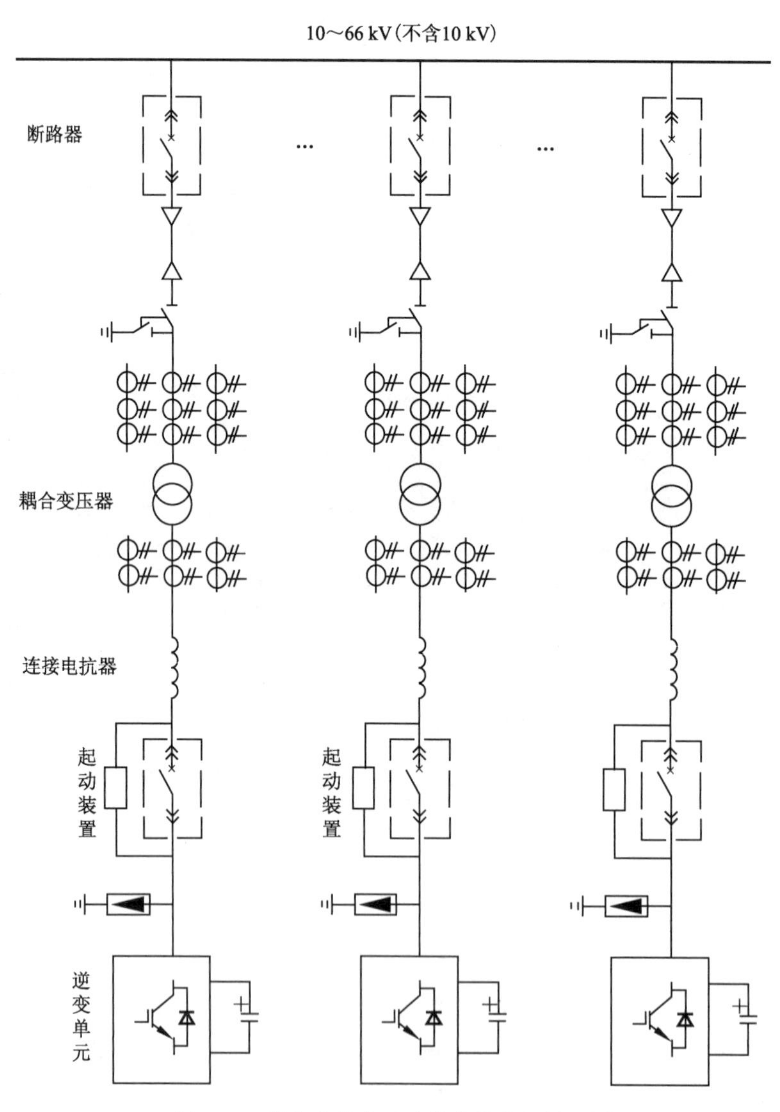

图2-53　耦合式静止无功发生器电气原理图

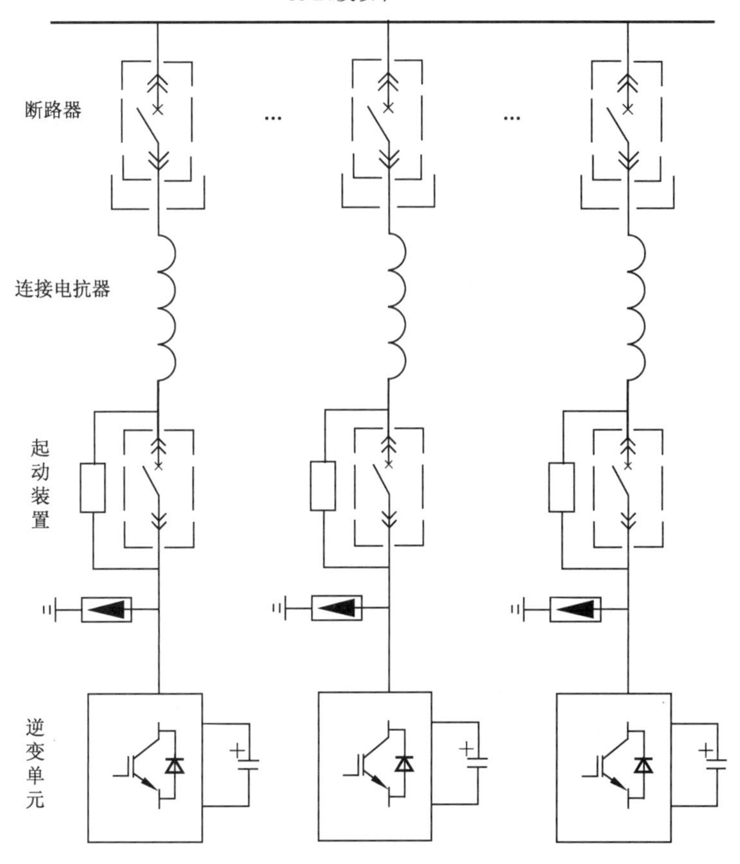

图2-54　直挂式静止无功发生器电气原理图

4. 静止无功发生器的功能

（1）提高供电系统稳定性

安装SVG动态无功补偿装置后，在正常运行状态下补偿线路的无功损耗，在提高线路电压的同时，还能在系统故障情况下进行及时的无功调节，提高输电系统稳定性。

（2）维持用户端电压，增强设备电压稳定性

对于大负荷中心而言，由于负载容量大，如果没有大型的无功电源支撑，容易造成电网电压偏低甚至发生电压崩溃的事故。安装SVG动态无功补偿装置后，具备了快速的无功功率调节能力，可以维持负荷侧电压，使用电设备在额定电压下运行。

（3）静止无功发生器可以动态补偿系统无功功率，提高功率因数，降低线损，节能降耗

配电系统中的大部分负荷，在运行中需要消耗大量的无功功率，同时，供电网络中的变压器、线路阻抗等也会消耗一定的无功功率，导致系统功率因数降低。安装SVG动态无功补偿装置后，可以提高功率因数，降低供电线路的能量损耗和电压降落，提高电压质量；同时，减少了电费支出，节省了生产成本。

（4）抑制电压波动和闪变

当用户端存在类似高容量、大电流的设备负荷时，负荷的变化会导致负荷电流产生对

应的剧烈波动，剧烈波动的电流使系统电压损耗快速变化，从而引起用户端电网电压闪变。SVG 动态无功补偿装置能够快速地提供变化的无功电流，以补偿负荷变化引起的电压波动和闪变现象。

（5）抑制三相不平衡，提高电能质量

配电网中存在着大量的三相不平衡负载，同时，线路、变压器等输配电设备三相阻抗的不平衡也会导致电压不平衡问题的产生。SVG 动态无功补偿装置能够快速地补偿由于负载不平衡所产生的负序电流，始终保证流进电网的三相电流平衡，大大提高供用电的电能质量。

习　题

1. 大型地面并网光伏电站中包含了哪些主要设备？各主要设备的功能是什么？
2. 大型地面并网光伏电站中的建筑物包括了哪些？各个建筑里都安装了哪些设备？功能是什么？
3. 大型地面并网光伏电站中光伏组件的常见故障有哪些？是什么原因引起的？
4. 光伏电站中逆变器分为哪几种？各有什么优缺点？
5. 大型地面并网光伏电站中集中式三相并网逆变器的常见故障有哪些？分别是什么原因引起的？如何排除这些故障？
6. 箱式变压器包括了哪几个部分？各个部分又有哪些元器件构成的？各有什么作用？
7. 静止无功发生器在大型地面并网光伏电站中作用是什么？
8. 静止无功发生器包括了哪几个部分？各个部分的作用是什么？

第3章 大型地面并网光伏电站的运行与维护管理

学习目标

- 掌握大型地面并网光伏电站的运行管理制度。
- 掌握大型地面并网光伏电站的维护管理制度。
- 熟练掌握和应用大型地面并网光伏电站的运行与维护方面的方法与技能。
- 掌握大型地面并网光伏电站运行与维护的程序和流程。

本章简介

光伏电站的运行与维护是指对光伏电站的设备和系统进行检查、维护，及早发现和处理设备隐患以保障电站整体运行的安全性，达到电站的预期发电量，并实现光伏电站在全生命周期内稳定运行。离网型的光伏电站和中、小型并网光伏电站的运行与维护比较简单，只要掌握一些光伏发电方面的知识及定期维护保养的经验，做一些必要的记录、保养就可以了。本章以大型地面并网光伏电站为例来讲解光伏电站运行与维护管理方面的知识。

本章首先介绍了大型地面并网光伏电站运行与维护方面的管理制度，接着详细介绍了运行与维护方面的方法与技巧，并对大型地面并网光伏电站中各主要设备在运行与维护时应注意的事项进行了详细阐述，最后应用运行与维护的程序并通过一个大型地面并网光伏电站实例对运行与维护的相关方法和技能进行了验证。

3.1 大型地面并网光伏电站的运行管理

3.1.1 技术文件管理

从目前光伏电站运行管理工作的实际经验来看，要保证光伏电站安全、经济、高效运行，必须建立规范和有效的运行管理制度来加强光伏电站运行方面的管理。

1. 建立完善的技术文件管理

对每个光伏电站都要建立全面完整的技术文件资料档案，并设专人负责管理，为电站的安全可靠运行提供强有力的技术基础数据支持。

（1）建立光伏电站的基本技术档案

光伏电站的基本技术档案资料主要包括：设计和施工图样、竣工图样、验收文件，光伏电站设备的基本工作原理、电气接线图、技术参数、设备安装规程、设备调试步骤，所有操作开关、旋钮、手柄以及状态和信号指示的说明，设备运行的操作步骤，电站维护的项目及内容，维护日程和所有维护项目的操作规程，电站故障排除指南，包括详细的检查和修理步骤等。

（2）建立光伏电站的信息化管理系统

利用计算机管理系统建立电站信息资料，对每个电站建立一个数据库。数据库内容包括两方面：

① 电站的基本信息。主要有：气象地理资料；电站所在地的相关信息（如人口、户数、公共设施、交通状况等），电站本身的相关信息（如电站建设规模、设备基本参数、建设时间、通电时间、设计建设单位等）。

② 电站的动态信息。主要包括：

- 电站供电信息：用电户数、供电时间、负载情况、累计发电量等。
- 电站运行中出现的故障和处理方法：对电站各设备在运行中出现的故障和对故障的处理方法进行详细描述和统计。

2. 建立电站运行期档案

这项工作是分析电站运行状况和制定维护方案的重要依据之一，主要包括日常维护保养、巡检、故障检修和排除方面的各种记录、报告、报表等。日常维护工作主要是每日测量并记录不同时间光伏电站的工作参数，主要测量记录内容有：日期、记录时间、天气状况、环境温度，子方阵电流、电压，逆变器直流输入电流、电压，交流配电柜输出电流、电压及发电量,记录人等。当电站出现故障时，电站操作人员要详细记录故障现象，并协助维修人员进行维修工作，故障排除后要认真填写《电站故障维护记录表》，主要记录内容有：出现故障的设备名称、故障现象描述、故障发生时间、故障处理方法、零部件更换记录、维修人员及维修时间等。电站巡检工作应由专业技术人员定期进行，在巡检过程中要全面检查电站各设备的运行情况和运行现状，测量相关参数,并仔细查看电站操作人员的日维护、月维护记录情况，对记录数据进行分析，及时指导操作人员对电站进行必要的维护工作，同时还应综合巡检工作中发现的问题，对本次维护中电站的运行状况进行分析评价，最后对电站巡检工作做出详细的总结报告。

3.1.2 人员培训管理

培训工作主要是针对两类人员进行：一类是对专业技术人员；另一类是光伏电站操作人员。

1. 专业技术人员的培训管理

针对运行维护管理工作中存在的重点和难点问题，不定期地组织专业技术人员进行各种专题的内部培训工作，或将专业技术人员送出去进行系统的相关知识培训，提高专业技术人员的专业知识和专业技能；建立专业技术人员参与培训管理档案，详细记录参与培训人员的相关信息，包括培训时间、培训方式、培训内容、培训效果、培训总结等，不断提高专业技术人员的培训管理水平。

2. 光伏电站操作人员的培训管理

光伏电站操作人员通常是当地选聘的，由于当地人员文化水平参差不齐，因此培训工作首先从最基础的电工基础知识讲起，并进行光伏电站的理论知识培训、特种作业培训、实际操作培训和电站操作规程的学习。经过培训后，使其了解和掌握光伏电站的基本工作原理和各设备的功能，并能按要求进行电站的日常维护工作，具备判断一般故障及排除一般故障的能力。

3. 定期开展运维人员的运行分析及交流会议

依据电站运行期的档案资料，组织相关部门和技术人员定期对电站运行状况进行分析和交流，及时发现存在的问题，提出切实可行的解决方案。通过定期开展运维人员的运行分析及交流会议，一是有利于提高技术人员的业务能力；二是有利于提高电站可靠运行水平。

3.1.3 其他经济运行管理

1. 建立畅通的信息通道

设立专人负责与电站操作人员及设备厂家的联系工作。当电站出现故障时，操作人员能及时将问题提交给相关部门，同时也能在最短的时间内通知设备厂家和专业技术人员及时赶到现场进行处理。

2. 加强经济运行管理，完善运行管理措施

为更好地完成发电任务和目标，认真执行运维部及公司的各项安全生产管理制度，并在生产过程中不断完善光伏电站的安全管理和经济运行措施，提升安全管理及经济运行水平。树立“全员参与，度电必争”的思想，充分挖掘运维人员及设备的潜力，想尽一切办法消除缺陷和故障，提高设备利用率。尽量在夜间完成对设备的检修及缺陷处理工作，保证光照充沛时设备正常运行，同时严格控制站用电率，减小线路损耗，并制定详细的节能降耗措施，抓好节能降耗工作，确保全年发电量指标和利润指标的顺利完成。

建立和完善奖惩制度，对能完成发电量指标和利润指标的班组进行奖励，对完成不了指标和任务的班组及相关人员进行一定的处罚，以激活运维人员的工作主动性和积极性，不断增强运维人员的主人翁精神。

为避免因设备备品备件的缺少而影响发电，安排专门人员负责库房备品备件的管理，并根据生产现场的需要，做到及时补缺和更换损坏的设备，减少因设备损坏而造成不必要的电量损失，特别要注重加强光伏电站的电气设备及光伏组件设备的消缺管理，要求设备厂家建立健全快速响应机制，保证设备消缺进度，确保光伏组件较高的利用率。

3.2 大型地面并网光伏电站的维护管理

光伏电站的维护主要是对光伏电站的相关设备进行清洁、定期检查和检测、定期维修等，具体可分为以下几方面进行：

1. 光伏组件及阵列的维护

（1）光伏组件的清洁

通常光伏阵列的输出功率在初始输出功率的85%以下时，就应对光伏组件进行清洁。光伏电站应根据当地实际情况制定组件清洗预案，清洗光伏组件时应使用柔软洁净的布料擦拭光伏组件，不应使用腐蚀性溶剂或硬物擦拭光伏组件；不宜使用与光伏组件温差较大的液体清洗组件；不宜在有碍运行维护人员人身安全的情况下清洗组件；严禁恶劣气象条件下进行组件的清洗；不宜在组件温度过高或辐照度过强的条件下进行清洗；特殊地域环境需做针对性的清洗预案。

（2）光伏组件的定期检查及维修

应定期对光伏组件下列问题进行检查，发现问题及时修复：

① 组件边框不应有变形，玻璃不应有破损。

② 光伏组件不应有气泡、EVA 脱层、水汽、明显颜色变化等。

③ 背板不应有划伤、开胶、鼓包、气泡等。

④ 接线盒塑料不应出现变形、扭曲、开裂、老化及烧毁等。

⑤ 导线连接应牢靠，导线和导线管不应出现破损。

⑥ 铭牌应平整，字体清晰可见。

⑦ 光伏组件上的带电警告标识不得缺失。

⑧ 电池片不应有破损、隐裂、热斑等。

⑨ 金属边框的光伏组件，边框必须牢固接地，边框和支架应结合良好，两者之间接触电阻应不大于 4 Ω。

⑩ 检查并修复发现的其他缺陷。

（3）光伏组件的定期测试

应定期对光伏组件下列参数进行测试，发现问题及时修复：

① 进行绝缘电阻的测试：绝缘电阻测试前，应将光伏组件与其他电气设备的连接断开。光伏阵列正负极对地绝缘电阻应符合表3-1所示参数指标的要求。

表3-1　光伏阵列正负极对地绝缘测试电阻表

系统电压/V	测试电压/V	最小绝缘电阻/MΩ
120	250	0.5
<600	500	1
<1 000	1 000	1

② 光伏组件IV特性：每年应测试光伏组件IV特性衰减程度，使用光伏组件IV特性测试仪测试光伏组件及接入汇流箱的光伏组串的IV特性。光伏组件及组串的IV特性应满足同一组串的光伏组件在相同条件下的电流输出应相差不大于6%；同一组串的光伏组件在相同条件下的电压输出应相差不大于6%；相同条件下接入同一个直流汇流箱的各光伏组串的运行电流应相差不大于6%；相同条件下接入同一个直流汇流箱的各光伏组串的开路电压应相差不大于6%；

光伏组件性能应满足生命周期内衰减要求，对于晶体硅组件功率衰减2年内小于等于2%，10年内小于等于10%，20年内小于等于20%；对于薄膜组件2年内衰减小于等于4%，10年内衰减小于等于10%，20年内衰减小于等于20%。

③ 光伏组件热特性：当太阳辐照度为 500 W/m^2 以上，风速不大于 2 m/s，且无阴影遮挡时，同一光伏组件外表面在温度稳定后，温度差异应小于 20 ℃。

2. 光伏阵列支架的维护

应定期对光伏阵列支架的下列问题进行检查，发现问题及时修复：

① 光伏阵列支架整体不应有变形、错位、松动。

② 受力构件、连接构件和连接螺栓不应损坏、松动、生锈，焊缝不应开焊。

③ 金属材料的防腐层应完整，不应有剥落、锈蚀现象。

④ 采取预制基座安装的光伏阵列，预制基座应保持平稳、整齐，不得移动。

⑤ 阵列支架等电位连接线应连接良好，不应有松动、锈蚀现象。

⑥ 光伏阵列应可靠接地，其各点接地电阻应不大于 4 Ω。

⑦ 检查并修复发现的其他缺陷。

3. 汇流箱的维护

（1）汇流箱的定期检查和维护

汇流箱的结构和箱柜、主电路连接、二次线及电气元件安装等应符合下列要求，发现问题及时修复：

① 箱体应牢固，表面应光滑平整，无剥落、锈蚀及裂痕等现象，箱体安装应牢固、平稳连接构件和连接螺栓不应损坏、松动、生锈，焊缝不应开焊。

② 箱体应密封良好，防护等级应符合设计要求，箱体内部不应出现锈蚀、积灰等现象。

③ 面板应平整，文字、符号、铭牌、警告标识、标记应完整清晰。

④ 熔断器、防雷器、断路器等各元器件应处于正常状态，没有损坏痕迹，开关操作应灵活可靠。

⑤ 各种连接端子应连接牢靠、没有烧黑、烧熔等损坏痕迹。

⑥ 各母线及接地线应完好。

⑦ 汇流箱内熔丝规格和浪涌保护器应符合设计要求、并处于有效状态。

⑧ 非绝缘材料外壳的汇流箱箱体应连接保护地，其接地电阻应不大于 4 Ω。

（2）汇流箱的定期测试

① 绝缘电阻的测试：进行绝缘电阻测试前，应将汇流箱与其他电气设备的连接断开，用兆欧表（绝缘电阻表）或绝缘电阻测试仪测量汇流箱的输入电路对地、输出电路对地及输入电路对通信接口、输出电路对通信接口的绝缘电阻值。

② 测量、显示功能的测试：若是带有通信功能的汇流箱应能正常监测汇流箱的工作状态及电参数，数据显示精度应不低于0.5级，测量准确度应小于等于±1.5%。

③ 通信功能的测试：若是带有通信功能的汇流箱，则应能正常接收和发送数据。

④ 汇流箱的热特性测试：汇流箱额定功率工作时，内部各元器件温度应符合设计工作温度要求。

4. 直流和交流配电柜的维护

（1）直流和交流配电柜的定期检查和维修

直流和交流配电柜的机柜、主电路连接、二次系统接线及电气元件安装等应符合下列要求，发现问题及时修复：

① 柜体组装有关零部件均应符合各自的技术要求。

② 柜体应牢固，表面应光滑平整，无剥落、锈蚀及裂痕等现象，柜体安装应牢固、平稳连接构件和连接螺栓不应损坏、松动、焊缝不应开焊、虚焊，柜体应密封良好，防护等级符合设计要求；柜体内部不应出现锈蚀、积灰等现象。

③ 面板应平整，文字、符号、铭牌、警告标识、标记应完整清晰。

④ 各元器件应处于正常状态，没有损坏痕迹。

⑤ 开关操作应灵活可靠；各母线及接地线应完好。

⑥ 各种连接端子应连接牢靠、没有烧黑、烧熔等损坏痕迹。

⑦ 配电柜内熔丝规格应符合设计要求、并处于有效状态。

⑧ 配电柜内浪涌保护器应符合设计要求、并处于有效状态。

⑨ 配电柜应可靠连接保护地，其接地电阻应不大于4 Ω。

⑩ 检查并修复其他缺陷。

（2）配电柜的定期测试

① 绝缘电阻的测试：进行绝缘电阻测试前，应将配电柜与其他电气设备的连接断开，用兆欧表或绝缘电阻测试仪测量配电柜的输入电路对地、输出电路对地及输入电路对通信接口、输出电路对通信接口的绝缘电阻值。

② 测量、显示功能的测试：直流和交流配电柜应能正常测量和显示电流、电压、功率等数据，数据显示精度应不低于0.5级，测量准确度小于等于±1.5%。

③ 通信功能的测试：配电柜应能正常接收和发送数据。

④ 配电柜的热特性测试：配电柜在额定功率工作时，内部各元器件温度应符合设计工作温度要求。

5. 逆变器的维护

（1）逆变器的定期检查和维修

逆变器的结构和机柜、主电路连接、二次系统连接线及电气元件安装等应符合下列要求，发现问题及时修复：

① 柜体组装有关零部件均应符合各自的技术要求。

② 柜体应牢固，表面应光滑平整，无剥落、锈蚀及裂痕等现象，安装应牢固、平稳连接构件和连接螺栓不应损坏、松动、焊缝不应开焊、虚焊，柜体应密封良好，防护等级符合应用要求，内部不应出现锈蚀、积灰等现象。

③ 面板应平整，文字、符号、铭牌、警告标识、标记应完整清晰。

④ 各元器件应处于正常状态，没有损坏痕迹，开关操作应灵活可靠。

⑤ 各种连接端子应连接牢靠、没有烧黑、烧熔等损坏痕迹。

⑥ 各母线及接地线应完好，逆变器内熔丝规格、逆变器内浪涌保护器应符合设计要求并处于有效状态。

⑦ 逆变器应可靠连接保护地，其接地电阻应不大于 4 Ω。

⑧ 风冷逆变器的散热器风扇根据温度自行启动和停止的功能应正常，散热风扇运行时不应有较大振动及异常噪声，如有异常情况应断电检查。

⑨ 如电网电压消失，逆变器应立即停止向电网送电（防止孤岛效应）。

（2）逆变器的定期测试

① 应对逆变器的转换效率、并网电流谐波、功率因数、直流分量、电压不平衡度等性能指标进行定期测试。

② 要定期对逆变器的绝缘电阻及残余电流进行检测，如果出现 30 mA 的漏电流，应在逆变器端加装漏电流检测器（RCD）进行保护或者对逆变器进行漏电流监控保护。

6. 变压器的维护

光伏电站变压器应定期对以下几方面进行检查，发现问题及时修复：

① 用来组装变压器的有关零部件均应符合各自的技术要求。

② 外壳应牢固，表面应光滑平整，无剥落、锈蚀及裂痕等现象。

③ 变压器表面、绝缘子各连接端子不应有积尘。

④ 各种连接端子应连接牢靠、没有烧黑、烧熔等损坏痕迹。

⑤ 检查变压器各母线及接地线是否正常。

⑥ 检查变压器工作声音是否在要求范围内。

⑦ 铭牌、警告标识、标记应完整清晰。

⑧ 变压器应连接保护地，其接地电阻应不大于 4 Ω。

⑨ 检查变压器油位、油温、压力是否在要求范围内，应定期对变压器油进行采样分析。

⑩ 检查并修复其他缺陷。

7. 接地与防雷系统的维护

应定期对接地与防雷系统的下列方面进行检查，发现问题及时修复：

① 各种避雷器、引下线等应安装牢靠。

② 避雷器、引下线等应完好，无断裂、锈蚀、烧损痕迹等情况发生。

③ 避雷器、引下线各部分应连接良好。

④ 各关键设备内部浪涌保护器应符合设计要求、并处于有效状态。

⑤ 各接地线应完好。

⑥ 各接地线标识、标志应完好。

⑦ 接地电阻不应大于 4 Ω。

⑧ 接地的开挖周期不应超过六年。

光伏电站各关键设备的防雷装置在雷雨季节到来之前，应根据要求进行检查并对接地电阻进行测试，不符合要求时应及时处理。雷雨季节后应再次进行检查。地下防雷装置应根据土壤腐蚀情况，定期开挖检查其腐蚀程度，出现严重腐蚀情况时应及时修复、更换。

8. 光伏电站监控系统的维护

（1）监控系统的定期检查和维修

应定期对监控系统的下列方面进行检查，发现问题及时修复：

① 监控及数据传输系统的设备应保持外观完好，螺栓和密封件应齐全，操作键应接触良好，显示数字应清晰。

② 各设备内部传感器、数据采集及发送装置应完好。

③ 超过使用年限的数据传输系统中的主要部件，应及时更换。

（2）监控系统的定期测试

定期对监测系统的下列参数进行测试，并保证其符合使用要求：

① 汇流箱相关输入与输出数据。

② 交、直流配电柜相关输入与输出数据。

③ 逆变器相关输入与输出数据。

④ 环境监测仪的输出数据。

⑤ 电能计量表的采样数据。

9. 维护的周期要求

光伏电站检查、测试与维护的周期要求应根据光伏电站的实际情况制定，建议如表 3-2 所示。

表3-2 检查、测试及维护的周期表

序号	测试项目	测试周期	备注
1	光伏组件的定期检查及维修	每年至少一次	
2	光伏组件的定期抽检测试	每两年至少一次	抽检率根据现场实际条件制定
3	支架的定期检查及维修	每年至少一次	
4	汇流箱的定期检查及维修	每年至少一次	
5	汇流箱的定期测试	每年至少一次	
6	配电柜的定期检查及维修	每年至少一次	
7	配电柜的定期测试	每年至少一次	
8	逆变器的定期检查及维修	每年至少一次	
9	逆变器的定期测试	每年至少一次	
10	变压器的定期检查及维护	每年至少一次	
11	变压器的定期测试	参照《电力变压器运行规程》执行	

续表

序　号	测 试 项 目	测 试 周 期	备　注
12	光伏发电数据监控系统	实时	
13	监控系统定期检查及维修	每年至少一次	与气象站检查维护及组件清洗同期进行
14	监测系统的定期测试	每年至少一次	
15	接地与防雷系统检查	每年至少一次	
16	电缆的定期检查及维修	参照《电力电缆运行规程》执行	

3.3　大型地面并网光伏电站的运行与维护程序和流程

1. 大型地面并网光伏电站运行与维护的程序

要运行与维护好一个大型地面并网光伏电站，必须依据一定的程序来完成一些相应的工作，使光伏电站的运行与维护做到有理可依、有据可循。

对于一个大型的地面并网光伏电站的运行与维护应遵循的程序如下：

① 从设计和建设施工部门取得技术文件资料并进行归档。

② 建立或完善光伏电站的运行与维护制度。

③ 对运行与维护制度进行试运行，验证制度的可行性和可靠性。

④ 总结和完善运行与维护的知识、技能和经验。

2. 大型地面并网光伏电站运行与维护的具体流程

（1）认识光伏电站的架构

从整体的高度了解所要运行与维护的光伏电站的架构，包括电站的装机容量、电站所用的设备的型号、数量、安装位置、电站各设备之间的电气连接关系等信息，形成如表3-3所示的光伏电站概貌表。

表3-3　光伏电站概貌表

序　号	设 备 名 称	单　位	数　量
1	光伏组件	个	依据维护的电站来确定
2	系统支架	套	依据维护的电站来确定
3	逆变器	台	依据维护的电站来确定
4	箱式变压器	台	依据维护的电站来确定
5	直流配电柜	个	依据维护的电站来确定
6	直流汇流箱	个	依据维护的电站来确定
7	交流配电柜	个	依据维护的电站来确定

（2）建立完善的技术文件管理

将光伏电站的可行性研究报告、建设施工图样、电气接线图、设备清单及电站相关设备的操作说明书等技术文档进行整理、分类、归档，并指派专人进行管理，以便运行与维护人员进行查阅。

（3）制定或完善光伏电站运行与维护方面的管理制度

光伏电站运行与维护方面的管理制度包括考核制度、设备管理责任制度、技术交流制度、日常运行与维护管理制度及闭环消缺制度等。相关制度的制定和实施的重点如下：

① 制定或完善并实施光伏电站的考核制度。

考核制度配合奖惩机制是光伏电站运行与维护的关键，考核制度可推动其他制度的执行，并能调动运行与维护人员的积极性，促使运行与维护人员通过各种途径提高技术水平，自发提高运行与维护人员的效率。

制定或完善并实施考核制度的要点：考核制度应直接与发电量关联，应结合历史辐射量、组件的衰减、各环节的损耗制定发电量的目标值；考核制度应重点关注奖惩机制，按超过应发电量部分的比例进行奖励，对于未达到应发电量部分采取惩罚措施。

② 制定或完善并实施光伏电站的设备管理责任制度。

设备管理责任制度以逆变器为单元划分方阵设备，并将方阵设备管理责任分到个人，由每人负责一片区域的方阵设备，确保其负责的设备正常运行。

制定或完善并实施设备责任管理制度的要点：片区负责人应主导负责片区巡视、消缺工作，其他运行与维护人员配合，应对片区内设备现场发现的问题及时汇报值班长。

③ 制定或完善并实施光伏电站的技术交流制度。

为快速提高运维人员的消缺能力，制定或完善并实施技术交流制度，应组织电站工作人员定期召开技术交流会，对遇到的问题和解决方法进行分享与探讨。

技术交流制度制定或完善和实施的要点：疑难故障处理的经验、故障的预防措施及光伏电站运行与维护过程中遇到的没有解决的问题。

（4）制定或完善并实施光伏电站的日常运行与维护工作制度

制定并实施电站的日常运行维护工作制度的要点：

① 制定或完善并实施总值班长、副值班长及值班员岗位管理制度。

② 制定或完善并实施运行交接班制度。

③ 制定或完善并实施设备巡回检查制度。

要详细制定或完善并实施光伏组件、汇流箱、直交流配电柜、逆变器、并网柜、防雷与接地系统、监控系统等相关设备巡检的重点和要点。

④ 制定或完善并实施派工单管理制度。

⑤ 制定或完善并实施操作票及监护制度。

⑥ 制定或完善并实施定期安全大检查的管理制度。

⑦ 制定或完善并实施设备定期维护保养制度。

要详细制定或完善并实施光伏组件、汇流箱、直交流配电柜、逆变器、并网柜、防雷与接地系统、监控系统相关设备定期维护和保养的重点、难点和要点。

⑧ 制定或完善并实施应急事件处理制度。

为防患于未然，针对电站的实际情况编制事故应急处理方案，这些应急方案应涵盖电站可能出现的各种生产、消防、防小动物、防洪、防低温灾害等各个方面的应急处理措施，同时加强电站事故预想及演练工作，增强应变能力，还要针对设备事故、消防事故、防暴反恐三方面的内容进行反事故演练。

（5）制定或完善并实施光伏电站的闭环消缺制度

消缺工作是光伏电站运行与维护的核心工作，制定或完善并实施光伏电站的闭环消缺制度的要点：制定闭环消缺制度的实施流程。

（6）运维方案试运行

依据制定的相关运行与维护的制度对电站试运行，以验证其有效性并根据运行情况，不断总结运行与维护方面的经验，完善各项管理制度，最后形成一套有效的运维方案。

3.4 大型地面并网光伏电站运行与维护案例

以青海省乌兰县希里沟盆地上的一个 50 MWp 的大型地面并网光伏电站为例，叙述大型地面并网光伏电站运行与维护方面的管理制度及运行与维护的方法与技能。

3.4.1 认识所要运行与维护的光伏电站

1. 光伏电站概况

青海省乌兰县希里沟镇 50 MWp 的并网光伏电站占地总面积约 1440 亩（1 亩≈ 666.67 m^2）。规划总容量为 50 MWp，建设容量为 50 MWp 并网型固定式太阳能光伏发电系统，分为 50 个 1 MWp 光伏并网发电单元，每个发电单元的电池组件采用串并联的方式组成多个太阳能电池阵列，太阳能电池阵列发出的电能输入直流防雷汇流箱后，经光伏并网逆变器逆变为 270 V 交流后，再通过升压变压器升压至 10 kV 接入厂内 110 kV 配电室，主变升压等级为 110 kV，容量为 63 000 kV · A，出线 1 回，通过 13 km 外乌兰县 330 kV 变电所接入当地电网。

2. 光伏电站电气连接图

乌兰县希里沟镇 50 MWp 的并网光伏电站电气连接图如图 3-1 和图 3-2 所示。

3. 太阳能光伏发电组件及分区情况

本电站的光伏组件采用 180 Wp 多晶硅电池组件，分为 50 个 1 MWp 光伏阵列，每个光伏阵列由 348 个光伏组串构成，每个光伏组串由 16 个 180 Wp 的光伏组件串联，每个光伏阵列组件数量为 16 × 348 =5 568 块，实际容量为 5 568 × 180 Wp=1 002 kWp；全站发电单元组件数量为 50 × 5 568 = 278 400 块，合计实际装机容量为 50 112 kWp。光伏阵列安装的方位角为正南，组件倾角为 35°。

4. 并网逆变器与光伏组串配置情况

本电站逆变器采用 500 kWp 集中式大功率无隔离变压器型逆变器，共配置 100 台，为了

减少直流传输的损耗，在光伏阵列中设置 50 间逆变器室，每间逆变器室内放置 2 台 500 kW 逆变器与 1 台 1 250 kV · A 双分裂干式升压变压器相连。

5. 就地升压情况

就地配置一级升压变压器，由 270 V 直接升压到 10 kV，在中控楼内设置室内 10 kV 配电系统。就地升压变高压侧环接（或 T 接）后分 10 路送至二级升压变压器（主变电器）升压至 110 kV 配电系统，经 110 kV 母线汇流后经 1 条出线直接送至电网。就地一级升压设备采用箱式变电站模式，箱变内配置高压、低压设备及 50 台 1 250 kV · A 容量双分裂干式升压变压器。箱变进出线均采用电缆方式。主变采用 1 台 63 000 kV · A 容量的升压变压器，配置断路器及继电保护和静止无功补偿装置。

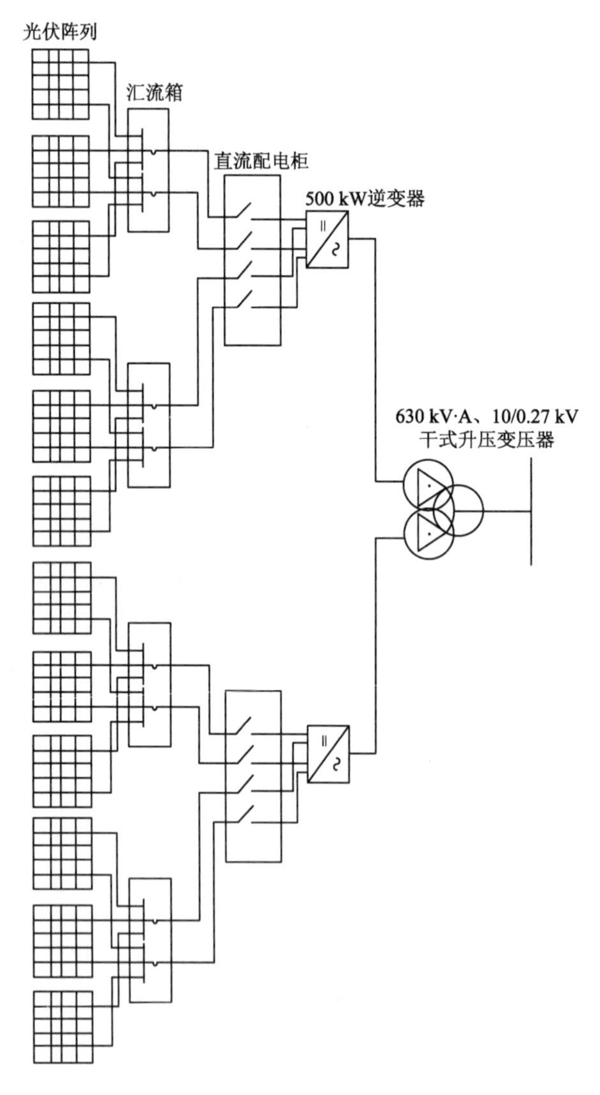

图3-1 乌兰县希里沟镇50 MWp的并网光伏电站电气连接图一

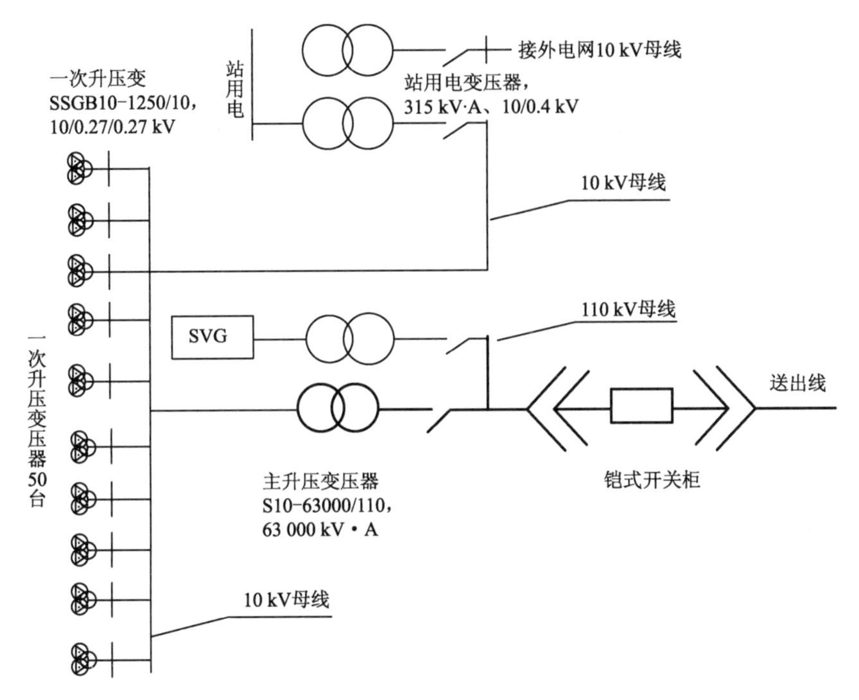

图3-2　乌兰县希里沟镇50MWp的并网光伏电站电气连接图二

6. 配电设备

110 kV 配电系统为单母线接线方式，110 kV 共 1 回出线；站用电源由 10 kV 母线以及 10 kV 电网电源各引接一路，运行期间以 10 kV 母线电源为主，两路电源互为备用。设置 2 台 315 kV · A 降压变压器作为站用变压器，站用电主要用于供给本站内各处照明、暖通、检修等负荷。

220 V 直流系统采用单母线分段接线，设两组阀控式铅酸免维护蓄电池，10 h 放电容量 50 A · h，正常时以浮充电方式运行。直流系统配有数据接口与综合自动化装置连接，并配置直流接地检测装置。

7. 计算机监控系统

光伏电站配置计算机监控系统一套，全面监控光伏电站汇流箱、直流配电柜、并网逆变器、环境监测仪及一级升压系统的所有参数，监控升压系统的情况，监控系统采集 110 kV 进出线的三相电流、电压、功率、开关状态以及就地升压箱变的高、低压开关柜刀闸位置、保护动作情况、支路的发电量、变压器非电量等信息，控制 10 kV 开关的投退。

配置视频监控一套，实现基本安防功能。

3.4.2　设备调度权限与岗位职责

1. 设备调度权限

（1）省调管辖范围

乌兰县希里沟镇 50 MWp 光伏电站计划出力及调度方式由青海省电力调度中心统一调度。

（2）地调管辖范围

上网送出线路、高压配电室出线、一、二次设备由乌兰县地调统一调度，设备运行方式和投退必须经地调同意。

（3）自行管辖的设备

逆变器、站用变、箱变及汇流箱及站内辅助设备由光伏电站统一调度，设备运行方式和投退由当值班长决定。

（4）调度机构

各级调度机构是光伏电站设备运行的组织、指挥、指导和协调机构，光伏电站的运行值班人员必须服从调度管理，严格执行调度命令。

（5）事故或设备异常处理权限

当发生任何事故或设备异常时运行值班人员都必须向有关调度机构汇报，并按照调度命令和有关规程的规定进行处理。若情况紧急，当值班长可根据有关规定，在未经调度命令的情况下进行有关的处理，但事后必须立即向有关调度机构汇报。

（6）电站设备管辖权限

对于本电站所管辖的设备应由当值班长负责管理，当需要改变其运行方式时，由当值班长下令执行。

2. 岗位职责

（1）电站站长职责

站长是电站的具体负责人，是电站运行管理、成本控制、内外关系协调、人员培训、绩效考核的执行者，对公司负责，直接向运营部汇报工作，受运营部经理的直接领导，并对电站的年发电量、上网电量、运营成本负责。

站长岗位职责有：

① 负责日常光伏电站安全生产、技术管理、经济运行工作。

② 负责制定和完善各项运行管理制度、岗位职责、工作标准，并组织实施。

③ 负责组织编制运行规程、技术措施、管理规定等工作；负责电站内部关系协调，及时掌握全班人员的思想变化，做好思想政治工作。

④ 负责运行人员培训工作，绩效考核，升职初审等工作。

⑤ 全面了解生产的情况，掌握电站的各项经济技术指标，电站生产设备运转情况。

⑥ 会同技术人员和运行人员定期分析发电运行情况，合理调整运行方式，提高电站的经济效益。

⑦ 定期分析电站的经济指标和完成情况，完成公司安排的各项任务。

⑧ 负责电站外部关系协调，相关单位联系和组织工作，负责外部委托管理单位的管理和资质审查。

⑨ 负责电站备品计划的初步审批和电站运营成本控制。

⑩ 负责组织编制电站年度发电计划及发电计划目标的实现，并确保电站发电量稳定。

（2）值班长的职责

① 班长是运行班组生产和行政上的负责人，对电气全部设备的安全经济运行负责；领导运行人员完成上级交给的一切工作任务；班长在行政上受站长的领导和指挥。

② 班长应熟知电站的一次系统、站用电系统、直流系统、继电保护、自动装置运行方式调整、掌握电站各类电气设备结构、特性、操作维护。

③ 班长在值班时间内，负责与调度的联系工作；负责领导本班全体人员完成电气设备的安全、经济运行任务；注意完成发电计划指标，保证电能质量，随时分析运行情况，督促指导运行人员精心调整，及时向站长提出必要的意见和要求；参加站长召开的运行分析会,负责贯彻分析会上研究决定的事项；根据领导的安排，组织学习活动，负责对值班员的技术业务进行指导。

④ 及时与调度联系并接受调度命令，并及时将调度命令汇报站长。

⑤ 领导全班人员做好交接班工作；带头执行规章制度，严格遵守值班纪律并检查全班人员的执行情况；当站长不在时，班长不得离开电站，并根据调度员和站长的要求进行联系，这些联系工作事后必须向站长汇报。

⑥ 负责领导全班人员对电气设备事故及异常运行进行正确迅速的处理，并对事故的发生及处理经过做好记录和分析。

⑦ 抓好班内安全技术培训和图样、资料管理及清洁卫生工作。

⑧ 按时、认真、详细地查阅、填写各种运行和技术记录。

⑨ 负责审查并监督做好工作票的安全措施；担任工作票和低压操作票的签发人，发布电气设备停、送电操作命令；批准、审查操作票，担任高压设备操作的监护人。

⑩ 班长应掌握全班人员的思想情况，做好思想政治工作。

（3）正值班员的职责

① 正值班员是电气设备安全、经济运行的负责人，正值班员应熟知电站主接线系统、直流系统、厂用电系统、照明系统及主要电气设备运行特性、极限参数、继电保护、自动装置、常用系统二次接线、额定数据、动力保险定值等。

② 正值班员在运行操作和行政关系上受班长的领导，并协助班长搞好本班培训及其他管理工作。当班长不在时，正值班员应代替班长的职务。

③ 正值班员的主要职责是协助班长运行管理，合理地调整组件运行方式，保证组件的安全、经济运行和电能质量，并能正确使用异常信号。在班长的统一指挥下，主动、迅速、正确地处理事故及异常运行。

④ 负责场用电系统、直流系统、照明系统的检查、定期维护及停、送电操作，监护值班电工进行厂用系统的倒闸操作。

⑤ 根据班长的指示组织做好电站临时小型更换和检修工作；负责检查并备齐高、低配电室、配电柜用的熔断器，并保证定值符合要求。

⑥ 对运行人员不符合电气设备规定的操作流程和不合理的运行方式，提出建议，并给予适当的纠正。

（4）值班电工的职责

① 值班电工在行政上受班长领导，在运行操作及业务技术上受正值班员的领导。

② 值班电工应熟知主接线系统、厂用电系统、直流系统及逆变器、变压器等主要电气设备的极限电流、温度及其他电气设备的主要参数。

③ 当正值班员不在时，值班电工应主动代替正值班员的工作。

④ 按时并正确地记录报表及电量，并对现场进行巡检，发现异常时汇报处理。

⑤ 做好监盘工作，及时发现发电单元参数异常，并做好当班气象和发电分析。

⑥ 在监护下进行电气设备的倒闸操作，填写倒闸操作票。

⑦ 在站长和班长的领导下，完成自我学习和工作技能提升，积极参与运行分析和技术讨论活动，做到积极主动。

⑧ 对当班发生的光伏板面清洗工作或者其他外委工作进行监督和质量过程检验。

⑨ 在监护下，做好工作票的安全措施；协助正值班员完成领导交代的其他任务。

⑩ 发生事故和异常时，在班长、正值班员的指挥下，协助处理事故，根据正值班员的命令复位保护装置，详细、准确地做好保护动作情况记录。

（5）电气技术人员职责

① 负责光伏发电项目电气专业的安装、调试期管理与运营期检修和维护管理。

② 负责电站技术人员的培养和运行人员一般电气知识培训，以及简单的电气维护。

③ 负责并指导所辖电站开关、变压器、仪表、保护和异常解决；组织并协助光伏电站建立检修规程和年度检修计划，控制电站检修维护成本。

④ 负责所辖光伏电站的年度安全生产检查工作，组织定期对各电站进行检查，确保电站生产运营正常，符合新能源既定政策。

⑤ 负责组织解决电站疑难设备故障和异常，防止故障影响设备正常发电。

⑥ 负责光伏电站技术资料整理，设备管理、维修计划管理、设备定期试验和维护工作。

⑦ 负责电站故障的调查和事故报告的编制。

⑧ 负责对光伏电站的统计报表的真实性进行复核。负责向上级或对外填报各种统计报表，并报运营部经理审核及有关主管领导审批。对报出的各种统计数据的真实性、准确性、及时性负主要责任;通过对各电站上报数据、资料分析，找出比上年度同期指标提高或降低的原因，为下一周期的生产提供可鉴的依据。

⑨ 负责建立电子设备台账和技术档案，并定期更新。

⑩ 负责对电站故障分析和异常分析并参与防范措施的制订和落实工作。

（6）财务人员的职责

① 严格遵守《会计法》、《税法》、《企业财务通则》、《企业会计准则》、《会计制度》和《公司章程》的规定，设置会计科目和会计账簿，记录经济业务活动，遵循会计核算的一般原则，对电站运营活动进行会计核算和会计监督。

② 负责收集、整理各类财务文件和有关规章制度，负责审核、汇总、整理、装订、归档会计凭证和会计档案，搞好财务保密工作。

③ 按时做好电站现金管理、出纳工作及资产的盘点，做好年度财务分析和下年财务预算工作。

④ 每月给上级主管部门、领导上报项目、设备、材料等付款情况。

⑤ 负责建立固定资产台账，加强财务核算，对公司的经营情况资金运转情况进行全方位的监督和管理，保证公司财产的安全和完整。

⑥ 负责进行账务处理、税务申报、出具财务报表、填报内部报表、对外报税、报表，协调税务、银行、统计、财政等部门工作。

（7）行政人员的职责

① 负责电站的办公、生活等后勤行政工作。

② 负责电站外委单位的合同管理工作。

③ 负责电站日常办公、生活零星和小型采购工作。

④ 完成领导交代的其他任务。

3.4.3 光伏电站设备的运行与维护

1. 光伏组件的运行与维护

（1）了解光伏组件的性能参数

光伏组件性能参数如表 3-4 所示。

表3-4 电站所用光伏组件性能参数表

编号	项目名称	数据
1	光伏电池种类	多晶硅光伏电池
2	标准功率	180 W
3	峰值电压	35.5 V
4	峰值电流	5.07 A
5	短路电流	5.47 A
6	开路电压	44 V
7	组件效率	14.5%
8	可耐系统最大电压	1 000 V
9	外形尺寸	1 580 mm × 808 mm × 8 mm
10	25年功率衰降	20%

（2）光伏组件的检查

① 检查组件的积灰、脏污情况，若积灰、脏污情况严重需安排清扫。

选择合适的清洗时间，光伏电站的光伏组件清洗工作应选择在清晨、傍晚、夜间或阴雨天进行，严禁选择中午前后或阳光比较强烈的时段进行清洗工作。主要考虑以下几个原因：

- 防止清洗过程中因为人为阴影带来光伏阵列发电量损失，甚至发生热斑效应；中午或光照较好时组件表面温度相当高，防止冷水在玻璃表面引起玻璃或组件损伤。
- 同时在早晚清洗时，也需要选择阳光较弱的时间段内进行。有时也可以考虑在阴雨天气里进行清洗工作，此时因为有降水的帮助，清洗过程会相对高效和彻底。
- 清洗过程需注意人员安全，佩戴安全用具，防止漏电、碰伤等情况发生。在清洗过程中严禁踩踏或其他方式借力于组件板和支架。

清洗周期和区域的规划：由于大型光伏电站占地面积很大，组件数量庞大，而每天适宜进行清洗作业的时间又较短，因此光伏电站的清洗需按照电站电气结构来进行规划，减少发电量的损失。

清洗步骤：常规清洗可分为普通清扫和冲洗清洁。

普通清扫即用干燥的小扫把或抹布将组件表面的附着物（如干燥浮灰、树叶等）扫掉。对于紧附于玻璃上面的硬性异物如泥土、鸟粪、黏稠物体，则可用稍硬刮板或纱布进行刮擦处理，但需注意不能使用硬性材料来刮擦，防止破坏玻璃表面，并依据清扫效果来决定是否要进行冲洗清洁。

冲洗清洁，对于紧密附着在玻璃上的有染色物质（如鸟粪的残余物、植物汁液或者湿土等）无法清扫掉的物体，则需要通过清洗来处理。清洗过程一般使用清水，配合柔性毛刷来进行清除。如遇到油性污物等，可用洗洁精或肥皂水等对污染区域进行单独清洗。

清洗应注意事项：应使用干燥或潮湿的柔软洁净的布料擦拭光伏组件，严禁使用腐蚀性溶剂或用硬物擦拭光伏组件；应在辐照度低于200 W/m^{2}的情况下清洁光伏组件，不宜使用与组件温差较大的液体清洗组件；严禁在风力大于4级、大雨或大雪的气象条件下清洗光伏组件；光伏组件上的带电警告标识不得丢失。

② 检查组件接线盒的连接情况，有无松动、发热、变色现象，若有应及时进行处理。

③ 检查线路的绑扎是否牢固，是否有松动、磨损现象，并及时处理。

④ 定期检查组件板间连线是否牢固和老化情况，组件与汇流箱内的连线是否牢固并按需要紧固。

⑤ 光伏组件应定期检查，若发现下列问题应立即调整或更换光伏组件。

- 光伏组件存在玻璃破碎、背板灼焦、明显的颜色变化。
- 光伏组件中存在与组件边缘或任何电路之间形成连通通道的气泡。
- 光伏组件接线盒变形、扭曲、开裂或烧毁，接线端子无法良好连接。

⑥ 检查组件接线盒内的旁路二极管是否工作正常，使用直流钳型电流表在太阳辐射强度基本一致的条件下测量接入同一个直流汇流箱的各光伏组件串的输入电流，其偏差应不超过 5%。

在无阴影遮挡条件下工作时，在太阳辐照度为 500 W/m^2 以上，风速不大于 2 m/s 的条件下，同一光伏组件外表面（电池正上方区域）温度差异应小于 20 ℃。装机容量大于 50 kWp 的光伏电站，应配备红外线热像仪，检测光伏组件外表面温度差异。

⑦ 检查组件支架部分的牢固、腐蚀情况，支架与接地系统的连接是否可靠，电缆金属外皮与接地系统的连接是否可靠，两者之间接触电阻应不大于 4 Ω。

⑧ 接触组件的带电部位时，应使用绝缘手套。

⑨ 当组件出现问题时，及时更换，并详细记录组件在光伏阵列的具体安装分布位置。

2. 直流防雷汇流箱运行与维护

（1）认识直流防雷汇流箱的技术参数

电站所使用的直流防雷汇流箱的技术参数如表 3-5 所示。

表3-5 直流防雷汇流箱技术参数表

项　　目	参　　数
光伏阵列电压范围	100～900 V
最大光伏阵列并联输入路数	12路
每路光伏阵列最大电流	15 V
防护等级	IP65
环境温度	-40 ℃～+55 ℃(I型)
环境湿度	0～99%
海拔高度	<5 000 m
宽/高/深	750 mm/600 mm/265 mm
直流总输出空开	有
光伏专用防雷模块	有
防雷器监测	有
串列电流、电压功率监测（含通信接口）	有

（2）直流防雷汇流箱的检查

① 经常检查汇流箱的封闭情况，一旦发现门锁坏应立即更换；检查有无渗漏水、积灰情况。

② 根据运行经验判断有无组串熔丝熔断现象，进行有针对性的检查，电站每个月组织一次全场直流防雷汇流箱大检查，用钳形电流表对每个汇流箱每个支路电流进行测试检查，目的是判断支路熔丝有无烧坏，发现问题立即更换。

③ 检查直流防雷汇流箱接线是否牢固，各连接部有无松动、发热、变色现象。

④ 雷电过后要及时检查直流防雷汇流箱内防雷保护是否失效。

⑤ 检查熔丝时应注意熔丝两端均带有电压，应使用绝缘钳夹出熔丝，不得直接用手取出，检查时应一路检查完毕合上后，再拉开下一路进行检查。

⑥ 注意直流防雷汇流箱内直流断路器有无烧坏发热接触安装不良情况，如有发现现场立即整改。

⑦ 如果发现有汇流箱烧坏情况应该拍照做记录并及时通知厂家现场处理。

⑧ 检查时不得触碰其他带电回路，使用的工具确保绝缘良好，防止造成短路，现场检查人员最少两个人一组，相互监护作业。

⑨ 直流输出母线的正极对地、负极对地的绝缘电阻应大于 2 MΩ。

3. 直流配电柜的运行与维护

（1）认识直流配电柜的技术参数

电站所用直流配电柜的技术参数如表 3-6 所示。

表3-6 直流配电柜技术参数表

项　　目	参　　数
直流防雷配电柜输入的电压范围	100～900 V
最大并联输入路数	16路
每路光伏阵列最大电流	30 A
防护等级	IP65

续表

项　　目	参　　数
环境温度	-40 ℃～+55 ℃
环境湿度	0～99%
海拔高度	<5 000 m
宽/高/深	750 mm/600 mm/265 mm
直流总输出空开	有
光伏专用防雷模块	有
防雷器监测	有
串列电流、电压功率监测（含通信接口）	有

（2）直流配电柜的检查

① 经常检查直流配电柜的封闭情况，一旦发现门锁坏应立即更换；检查有无积灰情况。

② 检查直流配电柜接线是否牢固，各连接部位有无松动、发热、变色现象，并及时处理。

③ 检查直流配电柜每路防反二极管有无损坏、炸裂。

④ 雷电过后要及时检查直流配电柜内防雷保护是否失效。

⑤ 注意直流配电柜内空气开关有无烧坏发热接触安装不良情况，如有发现现场立即整改。

⑥ 检查时不得触碰其他带电回路，使用的工具确保绝缘良好，防止造成短路，现场检查人员最少两个人一组，相互监护作业。

⑦ 直流输出母线的正极对地、负极对地的绝缘电阻应大于 2 MΩ。

4. 支架运行与维护

支架的维护：

① 所有螺栓、焊缝和支架连接应牢固可靠。

② 支架表面的防腐涂层，不应出现开裂和脱落现象，否则应及时补刷。

5. 逆变器的运行与维护

（1）认识逆变器的技术参数

电站所用逆变器技术参数表如表 3-7 所示。

表3-7　逆变器技术参数表

序　号	名　　称	技 术 指 标
1	逆变器型号	SG500KTL
2	隔离方式	无变压器隔离
3	直流侧参数	
3.1	最大直流电压	900 V　DC
3.2	最大功率电压跟踪范围	450～820 V　DC
3.3	推荐最大直流功率	550 kWp
3.4	最大直流输入电流	1 200 A
3.5	最大输入路数	16路
4	交流侧参数	
4.1	额定输出功率	500 kW

续表

序　　号	名　　　称		技　术　指　标
4.2	额定输出电压和频率		三相270 V　AC、50 Hz
4.3	允许电网电压		210～310 V　AC
4.4	输出频率范围		47～51.5 Hz
4.5	输出电流波形畸变率		＜3%（额定功率）
4.6	功率因数 调节控制模式：-0.95～+0.95		自动运行模式：≥0.99（额定功率）
4.7	最大交流电流		1 176 A
5	系统参数		
5.1	最大转换效率		98.7%
5.2	欧洲效率		98.5%
5.3	防护等级		IP20
5.4	夜间自耗电（待机功耗）		＜100 W
5.5	运行自耗电		＜2 kW
5.6	允许环境温度	运行	-30 ℃～+55 ℃（含加热器）
		存储	-40 ℃～+70 ℃
5.7	散热方式		风冷
5.8	允许相对湿度		0～95%，无凝露
6	要求的电网形式		IT电网
7	自动投运条件		直流输入及电网满足要求，逆变器将自动运行
8	断电后自动重启时间		5 min
9	逆变器的降容系数	海拔1 000 m	1
		海拔2 000 m	1
		海拔3 000 m	1
		海拔3 500 m	0.95
		海拔4 000 m	0.9
10	低电压穿越		有
11	显示与通信		触摸屏/RS485通信接口
12	机械参数		
12.1	外形尺寸(深×宽×高)		850 mm×2 800 mm×2 180 mm
12.2	重量		2 288 kg
13	相关认证		金太阳认证、TUV认证、KEMA认证

（2）逆变器投运前的检查

① 严格按照逆变器使用维护说明书的要求进行设备的连接和安装。

② 应认真检查线径是否符合要求；各部件及端子在运输中有否松动；绝缘处是否绝缘良好；系统的接地是否符合规定。

③ 应严格按照逆变器使用维护说明书的规定操作使用。尤其是：在开机前要注意输入电压是否正常；在操作时要注意开关机的顺序是否正确，各表头和指示灯的指示是否正常。

（3）逆变器的维护

① 定期检查逆变器是否有报警，连线是否牢固，尤其应认真检查防尘网、风扇、功率模块、输入端子、输出端子等。

② 逆变器机柜内有高压，操作人员一般不得打开柜门，柜门平时应锁死。

③ 逆变器一般均有短路、过电流、过电压、过热等项目的自动保护，因此在发生这些现象时，无须人工停机；自动保护的保护点，一般在出厂时已设定好，无须再进行调整。

④ 在室温超过 30 ℃时，应采取散热降温措施，以防止设备发生故障，延长各设备使用寿命。

⑤ 逆变器结构和电气连接应保持完整，不应存在锈蚀、积灰等现象，散热环境应良好，逆变器运行时不应有较大振动和异常噪声，逆变器上的警示标识应完整无破损。

⑥ 逆变器中模块、电抗器、变压器的散热器风扇根据温度自行启动和停止的功能应正常，散热风扇运行时不应有较大振动及异常噪声，如有异常情况应断电检查。

⑦ 定期将交流输出侧（网侧）断路器断开一次，逆变器应立即停止向电网馈电。

⑧ 逆变器中直流母线电容温度过高或超过使用年限，应及时更换。

⑨ 若发生不能排除的事故，应做好事故详细记录，并及时通知生产厂家给予解决。

只有厂家维护工程师和经过培训合格的授权工程师才可以维护逆变器。

（4）逆变器关机步骤

① 手动停机。平时不需要手动停机，若需要维修或人为停机可以手动关机。

从主操作界面将光标移至“主面板”按“确认”键进入子菜单“开关机”，将光标移至“关机”并按下“确认”键后，逆变器停机；若有紧急情况也可按下面板上的急停按钮停机。

② 自动停机。当 PV 电池板输出电压及输出功率低于设定值，或者交流电网出现故障，或者环境温度超出正常范围时，逆变器自动关机。

（5）逆变器故障处理

① 逆变器关闭后的处理。进行检查、检修工作需在逆变器正常关闭后，等待 5 min，待电容放电完毕后，方可打开逆变器柜门；因外部电网原因导致逆变器关闭时，逆变器将自动进入重启状态。

② 直流输入不足。检查直流侧断路器确已合好，检查直流汇流母线电压；检查直流电压测量值与显示面板数值一致，若一致则确定是电压传感回路不正常，检查接线有无脱落，熔丝是否熔断，电路板有无损坏。

③ 线路准备未就绪。检查交流侧断路器确已合好，检查逆变器交流侧电压在额定值左右；检查交流电压、频率测量值与显示面板数值是否一致，若一致则确定是线路电压传感回路不正常，检查接线有无脱落，熔丝是否熔断，电路板有无损坏。

④ 逆变器温度过高。检查空气过滤网是否清洁无杂物，是否堵塞；检查风扇工作是否正常；检查温度测量装置是否正常。

⑤ 直流输入过流。检查直流电流传感器的接线是否正确，接线是否牢固，有无脱落等；将逆变器的功率调节点设定为 10%，让逆变器运行，测量实际电流是否与面板显示一致。

6. 变压器的运行与维护

（1）认识变压器的技术参数

光伏电站所用一级升压变压器和主升压变压器的技术参数如表 3-8 和表 3-9 所示。

表3-8 一级升压变压器技术参数表

项目	参数	项目	参数
型号	SF11-12500/110	总重量	28 000 kg
容量	1 250 kVA	联结组标号	YNd11
额定电压	10 kV	空载损耗	12.5 kW
额定电流	125 A	生产厂家	深圳瑞佳电气有限公司
外形尺寸	4 900 mm × 3 810 mm × 1 600 mm		

表3-9 主升压变压器技术参数表

项目	参数	项目	参数
型号	SF11-63000/110	总质量	67 800 kg
容量	63 000 kV·A	联结组标号	YNd11
额定电压	110 kV	空载损耗	41.6 kW
额定电流	573 A	生产厂家	深圳瑞佳电气有限公司
外形尺寸	6 900 mm × 4 890 mm × 6150 mm		

(2) 变压器并联注意事项

① 接线组别相同。

② 电压比相同（允许相差 -5% ～ +5% 以内）。

③ 短路电流相等（短路电流相差值不超过 10%）。

④ 相序相同（新安装及大修后的变压器应该相同）。

(3) 变压器运行注意事项

① 新安装、检修及长期停用的变压器在投入以前，均应测量绝缘电阻。

② 新装、大修、事故检修及换油后的变压器，在施加电压之前静置时间不得少于 24 h，然后请有资质的单位对该变压器做一次交接试验，并出具试验报告。

③ 变压器投运之前，值班人员应详细做好送电前检查工作，确认变压器及其保护，测量等装置在良好状态，具备带电条件，并注意外部无异物，临时接地线是否已经拆除，分接开关位置是否正确，各阀门开闭是否正确，变压器低温投入时，应防吸气孔因结冰而被堵。

④ 备用中的备用变压器应随时可以投入运行，长期停运者应定期充电。

⑤ 干式变压器在运行中不得靠近变压器本体，停用和保管期间应注意防潮。

(4) 变压器投运前和运行中检查项目

① 三相分接头位置正确一致。

② 运行时无放电现象。

③ 各接头紧固，运行时不发热变色。

④ 外壳接地线完好。

⑤ 风扇完好，运行时无异常声响。

⑥ 变压器温度显示是否正常。

⑦ 分接开关三相均应在相同位置。

（5）变压器加油及更换保险

① 变压器加油，应拧下变压器加油口螺钉；接好加油管与抽油泵；开始加油，在加油过程中注意油位，指针偏上1/3即可；加完油后拧紧加油口螺钉；加完油后的变压器在24 h内不能投入运行。

② 变压器更换保险。更换保险前应确定烧坏的是哪一相保险，烧坏数目；更换保险时要确保该回路的接地刀闸已合，接地线已装设完毕并可靠，低压侧断路器已分闸；取下卡扣，去除变压器已坏的高压保险。换装新保险，在装新保险前应检查新保险是否良好；换上新保险后，装好卡扣；拆除接地线；做好易损物品更换记录。

（6）变压器的异常运行及事故处理

① 异常现象及处理办法。遇有下列情况先投备用后停故障变压器：变压器声音明显增大，很不正常，内部有爆裂声；管套有严重破损和放电现象；正常负荷和冷却条件下，温升不断；上面有异物落入危及安全，不停电无法消除。

变压器遇有下列情况应立即停用：变压器外壳爆破；管套爆破；变压器着火；变压器蝶阀及密封处渗漏油。

② 变压器过负荷运行 ：

现象：有功、无功表指示有可能增大；信号、警铃有可能动作。

处理：检查各侧电流是否超过额定值，及时调整运行方式，有备用变压器应立即投入；检查变压器温度是否正常，同时将冷却装置全部投入；对变压器及其有关系统进行全面检查，若发现异常，立即汇报处理。联系调度，及时调整负荷分配；如属于正常的过负荷，可根据正常过负荷倍数确定允许时间，并加强温度监视，若超过规定时间，则应立即减负荷；如属事故过负荷，可根据允许倍数和时间运行，否则减少负荷；变压器过负荷时应加强温度监视，不超过限额；如温度不超过55 ℃，则可不开风扇在额定负荷下运行，过负荷运行时，应自动启动风扇；变压器过负荷运行时，应将过负荷的大小和持续时间记录入簿。

③ 变压器温度明显升高 ：

现象：温度上升。

处理：在正常负荷和正常冷却条件下，变压器温度较平时高出10 ℃或变压器负荷不变，温度不断上升。如果检查冷却装置、温度计正常，则认为变压器发生内部故障，应立即将变压器停运，以防事故变大。

④ 变压器自动跳闸的处理。变压器自动跳闸时，如果有备用变压器，应迅速启动备用设备，然后检查原因，查明何种保护动作，跳闸时有何外部现象（如外部短路、过负荷等），经检查不是内部故障引起，可试送一次，否则须进行检查、试验，以查明变压器跳闸的原因后方可送电。

⑤ 变压器着火的处理。变压器着火，首先将变压器各侧电源切断；有备用设备的，则应迅速投备用设备；迅速使用干粉灭火器灭火；联系相关单位做好事故处理。

⑥ 变压器过流保护动作的处理。检查母线及母线上设备是否有短路，有无树枝及杂物等；检查变压器及各侧设备是否有短路；若因短路引起，则应在排除故障后方可送电；如系母线故障应考虑切换母线或转移负荷；经检查是越级跳闸，汇报站长后，试送电；试送电良好，逐路检查出故障分路。

7. 开关柜的运行与维护

（1）认识真空开关

① 真空开关采用弹簧操作机构，合闸和分闸均由突然释放的弹簧来完成，这些弹簧均连在操作断路器的转动轴上，通过手动或电动，就地或远方均可进行分合闸操作。开关一次储能可以完成一次“跳闸—合闸—跳闸”操作。分闸弹簧的储能在进行合闸操作时产生，合闸弹簧储能可由手动完成，也可由电动机在每次合闸后自动完成，如因故未能储能，将向控制室发出弹簧未拉紧信号。

②开关提供比较完善的防误操作功能：开关在合闸操作结束后，合闸弹簧自动储能，操纵机构设计合闸闭锁，在开关未分闸时将不能再次合闸；开关在合闸结束后，如合闸信号未及时去除，开关控制回路装有放跳继电器，防止开关多次跳跃，开关柜后板设计机械闭锁。仅当接地开关闭合后，箱后板封闭门才能打开，防止误入带电间隔。

（2）高压开关操作

① 开关操作试验，应将开关拉到试验位置。

② 在 35 kV 母线停电检修时，应全面检查开关机械防误操作闭锁装置。

③ 当断路器在短路跳闸一次后，必须对一次隔离触点和断路器进行全面检查。

④ 开关真空包应每年进行一次耐压试验。

⑤ 摇出开关时，确认开关在断开位置。

⑥ 开关摇至试验位置及拉出时，接地刀闸方可合闸。

（3）高压开关送电操作

① 检查开关柜内接地刀确已拉开。

② 确认开关在断开位置。

③ 确认弹簧储能已释放。

④ 将开关推进试验位置。

⑤ 插入二次插头。

⑥ 顺时针将开关摇至工作位（到位时发出“咯”的一声）。

⑦ 合上开关的控制电源开关。

⑧ 检查开关工作位置和各状态指示正确；检查开关合闸状态指示正确，三相电流平衡，各参数正常。

⑨ 检查开关储能装置。

⑩ 从监控合上开关。

（4）高压开关停电操作

① 检查开关各参数显示正常，无报警信息。

② 从监控断开开关。

③ 检查开关分闸正常，分闸指示灯亮。

④ 断开开关控制电源、保护电源。

⑤ 逆时针将开关摇至试验位置。

⑥ 拔出二次插头并放好。

⑦ 合上开关柜内接地刀闸；检查开关柜内接地刀闸确已合上。

⑧ 在开关控制把手上挂“禁止合闸，有人工作”标示牌。

⑨ 全面检查操作正确无误。

⑩ 操作完毕，汇报值班长。

（5）开关柜拒绝合闸或跳跃的处理

① 检查控制电压及操作合闸保险。

② 断开隔离开关以手动合接触器，若合闸良好，证明控制回路不良，对操作把手，辅助接点进行检查并用万用表或摇表做导通实验。若合闸不良，做远方操作实验，接触器正常动作时，应对合闸保险线圈和机械部分进行检查。

③ 开关跳跃不许带电做合闸实验。

④ 当控制开关在合闸位置时，黄灯闪光或红灯反复亮熄时，应立即停止合闸，进行检查。

⑤ 电动操作拒绝合闸，若一时查不出原因，而急需送电，只要跳闸良好，可手动合上开关送电。

⑥ 开关拒绝合闸，应记入《设备缺陷记录本》内，如以后已能合闸，也应查明原因，消除缺陷后再投入运行。

⑦ 开关跳闸后，应对开关进行下述检查。

就地检查开关的分、合位置；检查开关本体有无异常；检查开关弹簧储能机构储能是否正常，传动机构是否变形、移动；检查开关分、合闸线圈有无冒烟、绝缘焦味；检查套管及支持瓷瓶是否损坏，引线及接头是否断股、发热。

（6）10 kV 配电室设备巡检方法和内容

① 检查配电室有无绝缘焦味或其他异味。

② 检查配电室有无异音和振动。

③ 检查各设备是否有放电声音；检查各设备有无异样报警信号。

④ 检查各设备状态指示是否与实际运行状态相一致；检查各设备参数显示是否在正常范围内，三相电压、电流是否平衡。

⑤ 检查配电室有无渗漏水、有无异物和小动物进出痕迹；检查各防误装置正确可靠。

⑥ 检查开关外绝缘罩外表清洁、光整无破损、柜内无杂物。

⑦ 检查手车摇进、摇出机构灵活、无卡涩现象，隔离挡板开合正常。

⑧ 检查手车在工作位置时，动静触点接触良好。

⑨ 检查跳合闸、储能机械电气指示正确，并可靠储能。

⑩ 检查操作机构自有脱扣器正常。

（7）开关的特殊巡视

① 新投入的开关，应加强特巡，投运 72 h 后转为正常巡视。

② 气温突变，增加巡视。

③ 雷雨季节，雷击后应进行检查，套管有无闪络、放电痕迹。

④ 高温季节，高峰负荷期间，应加强巡视。

⑤ 短路故障后，检查设备接头有无发热，引线有无断股、松股，开关有无喷油、冒烟，瓷瓶有无损坏等现象。

8. 静止无功发生器SVG的运行与维护

（1）认识 SVG

SVG (Static Var Generator)，即高压静止无功发生器，又称为高级静止无功补偿器。ASVC（Advanced Static Var Generator）或静止补偿器 STATCOM（Static Compensator）就是专指自由换相的电力半导体桥式变流器来进行无功补偿的装置。SVG 是迄今为止性能最优越的静止无功补偿设备。

（2）SVG 启动前准备

① 检查控制柜、功率柜、充电柜内是否有异物，电缆接线端口螺钉是否有松动，关好功率柜、充电柜的柜门。

② 检查控制电源是否正常，正常则合上控制电源开关。合上控制柜内空气开关总电源、风机电源、直流电源、控制柜电源、充电柜电源。

③ 检查控制柜、功率柜、充电柜风机运转是否正常。

（3）SVG 日常维护及巡检

① 检查室内温度、通风情况，注意室内温度不应超过 40 ℃。

② 保持室内清洁卫生。

③ 检查 SVG 是否有异常响声、振动及异味。

④ 检查充电柜、功率柜滤尘网是否通畅；散热风机运转是否正常。

⑤ 检查所有电力电缆、控制电缆有无损伤，电力电缆冷压端子是否松动，高压绝缘热缩管是否松动。

⑥ SVG 投入运行第一个月后，将变压器所有进出线电缆、功率单元进出线电缆紧固一遍，以后每半年紧固一遍，并用吸尘器清除柜内灰尘。

⑦ 每运行半年，应对风道上的粉尘进行一次全面的清扫。

⑧ 每运行半年，应对变压器所有进出线电缆、功率单元进出线缆紧固一遍。

⑨ 长期不运行的 SVG 必须在 2 年内做一次通电测试，通电前须做耐压试验。

（4）定期保养

① 为了使 SVG 能够长期稳定地正常工作，必须针对 SVG 内部元器件的使用寿命，定期进行保养和维护。

② 元器件的寿命与使用环境及保养状况密切相关。SVG易损坏器件主要为冷却风机，在通常情况下，冷却风扇的使用寿命为：3万～4万小时。我们可以根据运行时间确定更换年限。

冷却风机可能损坏原因：轴承磨损，叶片老化。

判断标准：停机时风扇叶片等是否有裂缝，开机时声音是否有异常振动。

9. 母线电缆

（1）电缆投运前的检查

① 电缆停电时间超过一个月时应测量绝缘电阻，大小修后或每年应进行直流耐压和泄漏实验。

② 检查电缆头套管清洁不漏油，绝缘胶无空隙和裂缝。

③ 电缆外皮无锈垢，小孔及凹凸现象。

④ 电缆不受挤压，受热及震动。

⑤ 电缆沟无积水、杂物。

⑥ 接头及外皮接地紧固。

注：巡查电缆时，不得用手触摸电缆的绝缘部分。

（2）运行中的母线检查项目

① 接头温度不得超过 70 ℃。

② 母线不发生严重的振动响声。

③ 无很大的放电声及火花。

④ 电缆头管套处应无放电现象。

⑤ 若发现母线或其接头上的示温片都已融化，应迅速采取措施，减少负荷，如发现母线已发热烧红，则应立即倒换运行方式，停止该母线的运行。

（3）电缆故障及处理办法

① 电缆外皮破裂或温度超过允许值。

② 电缆接头发热。

③ 电缆绝缘击穿，发生接地故障。

④ 电缆在运行中若发现着火或爆炸事故，应立即切断电源，并按有关事故处理的规定进行事故处理，然后将电缆进行停电隔离，并按《电气设备消防规程》有关规定灭火。

3.4.4 光伏电站运行管理

1. 运行规定

① 由调度管辖的设备，其继电保护装置的投入与切除或变更定值，应按调度命令执行。

② 所有保护装置必须遵守“投入时先投工作电源，后投出口压板；退出时先退出口压板，后退工作电源”的原则，在瞬时切合电源时必须退出出口压板。

③ 一次设备正常运行时主保护及相关保护必须投入，任何人不得随意退出保护装置，严禁无保护运行。若主保护停运，相关设备需随之停运。

④ 保护装置的保护控制值，任何人不得自行设置，其设置操作由主值根据定值通知单（最新）进行。

⑤ 当继电保护装置动作后，值班人员必须及时做好记录，严禁事后凭记忆记录，若保护发生误动作，应尽可能保持原有状态，并通知有关人员进行处理。

⑥ 保护装置动作后，未经值长许可，任何人不得复归任何信号。

⑦ 保护动作使开关跳闸后，若需强送应先复归信号牌。

⑧ 设备检修时，值班人员负责审查工作票上继电保护的安全措施是否恰当、完善。

⑨ 继电保护装置检修后，值班人员应认真查看设备变动和实验记录。

⑩ 取下保护装置直流保险时，应先取正极保险，后取负极保险，装上顺序与此相反，以免引起误动作。

⑪ 断开电压互感器电源时应采取相应的措施，然后断开电压互感器的电源。

⑫ 值班人员应定期清扫继电保护盘面，清扫时应设法防止振动，以免引起误动，并禁止用水和湿布洗刷继电保护盘上的设备。

⑬ 值班人员每班至少对继电保护装置进行一次巡视检查，检查内容：接点位置、压板位置、继电器有无脱轴发热、组件温度高低、转动组件有无异常、电阻或线圈是否烧断、变色、冒烟、明显断线等不正常现象，各信号指示正确，无其他异常现象。

⑭ 保护及自动装置新投运或变更后，运行人员必须同当值调度员核对保护及自动装置定值通知单，确定无误后方可运行。

⑮ 保护屏前后必须有正确的设备名称，屏柜上所有压板、操作把手、按钮、信号灯等的标志（名称和编号）应完整清晰，与图样相符。

⑯ 二次设备发生异常时，立即查找原因，向调度及公司分管领导汇报，力争及时处理。若异常危及人身和设备安全时，立即向调度申请，停用相关保护及自动化装置。

⑰ 当保护动作后，在没有打印或抄录保护及自动装置事故报告之前，不允许断开保护及自动装置的直流工作电压。

⑱ 继电保护及自动装置更改定值、变更接线后，继电保护人员必须填写保护调试记录，并向值班人员详细交代定值整定、二次线变更情况、正常运行维护注意事项等，经值班长全面验收合格后，方可办理工作终结手续。

⑲ 主控室应保存一套完整、正确的继电保护原理图及保护定值通知单，每年核对保护定值通知单一次。保护室工作环境温度为 -10 ℃ ～ +55 ℃。

⑳ 发现保护装置起火、冒烟等特殊情况，值班人员可先将保护装置停用，再汇报值班调度员。

㉑ 严禁在继电保护室内使用无线通信工具。

㉒ 运行人员必须掌握站内保护装置正常和异常状态的各种信号、显示内容，熟知报告及监控信息含义，熟悉所配置的各种空气开关、压板、按钮的作用及功能，运行人员熟练掌握微机保护装置的投退。

㉓ 省调调管的保护装置动作或异常时，运行人员向省调汇报，还应向地调汇报；便于对地区电网的运行采取相应的措施。

㉔ 运行中的微机保护装置，始终显示不准确时，必须校对。

㉕ 查找直流接地需断开保护装置直流电源时，可不退出保护出口压板。

㉖ 互感器（TA 或 TV）二次回路不允许随意断合，如果确需断开，将可能导致误动的保护退出。

㉗ 值班人员一般只进行投入、切除装置压板和控制电源的操作，在处理事故或异常情况时，如果明确判断为继电保护或自动装置异常引起误动时，可解除该装置，并尽快与有关人员取得联系和做好记录。

2. 保护定值管理规定

① 保护定值单，运行人员应与当值调度员核对无误。

② 定值调整结束后，运行人员、调试人员应在继电保护装置调试记录定值单上签名，并注明整定时间、变动的整定值、通知单号。

③ 保护装置定值必须与调度部门下达定值单内容相符。

3. 许可工作班组在二次回路上的工作规定

① 在保护装置及二次回路上工作，必须使用工作票，可能引起保护装置误动的工作，必须采取有效的控制措施。

② 继电保护工作结束后，运行人员认真检查所拆解的二次线、组件、标志、保护压板是否恢复正常位置，按规定对保护进行验收，检查保护调试记录填写内容是否齐全、清楚。当发生直流接地等异常现象时，立即停止检修工作，待查明原因，处理正常后，方可恢复工作。

③ 在运行的保护屏、控制屏、配电屏上加装设备或打孔作业应做好安全措施。

④ 不准将保护电源或操作电源用作试验电源，保护工作时，取用交直流电源必须从试验电源屏上取得。

⑤ 发生保护动作、开关跳闸后，若有工作人员在场，应立即通知工作班停止一切工作，查明原因，处理正常后方可投入运行。

4. 运行人员须熟知和掌握的内容

① 继电保护的动作原理及配置情况。

② 继电保护保险、压板、控制开关等作用及操作方法。

③ 根据继电保护动作情况能正确判断异常原因。

④ 根据继电保护进行异常情况的分析和处理。

5. 主控室应配备资料

① 继电保护及自动装置运行规程。

② 继电保护整定值管理制度及整定值变更记录。

③ 继电保护图样。

④ 保护装置检修或消缺工作完成后，查阅继电保护工作人员的调试及验收记录检修、调试内容及二次接线变更情况。

⑤ 保护装置定值变动情况。

6. 继电保护投入运行前检查项目

① 应有继电保护“可以投入运行”的书面通知。

② 各继电器组件、压板及试验部件应在正常位置，整定值应与整定通知单或调度命令相符。

③ 应用高内阻电压表测量跳闸回路中的压板两端无电压后，再投入压板。

7. 新安装和改造后的保护投入运行前需具备条件

① 主控室需要有继电保护原理图或展开图，整定值和有关注意事项。

② 值班人员必须了解其动作原理及操作方法等。

③ 值班人员应监视直流电压波动是否正常。

④ 各保护装置熔断器均应根据继电保护机构指定的保险额定电流配备。

8. 运行中改变定值的顺序和规定

① 核对调度命令或整定通知单上的原定值与实际定值是否相符。

② 退出出口跳闸压板，在监护下进行调整定值和压板并复查。

③ 定值改变后计入定值记录簿。

④ 测量压板两端无电压后，方可投入压板。

⑤ 对于故障时反应数值上升的继电器（如过电流继电器）若定值是由小改大，可在运行方式改变前进行调整；若定值由大改小，则应在运行方式改变后方可进行调整。

对于在故障反应数值下降的继电器（如低电压、阻抗继电器等），则与上述相反。

9. 运行人员操作继电器保护及自动装置的范围

① 运行人员可根据调度员的指令进行保护装置的投退。

② 通过按钮复归保护信号。

③ 投退与保护装置有关的空气开关、熔断器、转换开关、操作 UPS 等电源；打印继电保护及自动装置的报告。

10. 继电保护装置动作后应在12 h内上报的数据

① 故障录波图。

② 保护动作报告。

③ 保护装置液晶屏显示内容。

④ 装置面板动作信号。

⑤ 监控系统简报信息、光字牌信息、所有保护信息记录。

11. 停用整套微机保护装置的情况

① 需要在微机保护装置使用的交流电压、交流电流、开关量输入、开关量输出等回路上作业。

② 在保护装置内部的工作。

③ 继电保护人员改变保护装置的定值。

12. 投入保护装置的顺序

① 投入保护装置交流回路（TV、TA 回路）。

② 合上保护装置直流（工作、控制、信号、打印机）电源。

③ 根据调度指令及定值单的要求，将相关的切换开关切换至对应投入位置。

④ 根据调度指令及定值单的要求，投入保护装置的各种功能压板和出口压板。

13. 停用保护装置的顺序

① 退出保护装置的出口压板。

② 退出保护装置的各种功能压板。

③ 将相关的切换开关切换至保护退出的位置。

④ 断开保护装置直流（工作、控制、信号、打印机）电源。

⑤ 断开保护装置交流回路（TV、TA 回路）。

14. 监控系统

微机监控系统运行规定：

① 微机监控系统只能进行监控操作使用，不得进行与监控操作无关的事。

② 微机监控系统操作一般不得解锁操作，确需解锁时，必须经当值班长或主管领导同意，除特殊情况（如监控后台机全停机等）下，不允许在开关机构内实现就地操作。

③ 严禁在监控系统死机时断电复归，以防程序丢失。

④ 对于数据库的内容，运行人员只可查看，不得进行参数设置或功能投退的操作。

⑤ 当计算机监控发生严重故障时，全站设备的监视与控制在现地进行。

15. 倒闸操作

倒闸操作的一般规定：

① 变电设备的倒闸操作必须严格遵守国家电网公司《电力安全工作规程》《调度规程》和其他有关规程规定。

② 倒闸操作必须先根据公司分管领导或值班调度员的命令填写倒闸操作票，并经审核合格后，由公司分管领导或调度员下达操作命令后方才执行。

③ 执行倒闸操作时（包括单项操作）均应先在监控系统中的工作站上拟出正确的倒闸操作票，核对检查无误后，由操作人、监护人分别在倒闸操作票上签名。较为复杂或重要的操作票。还需负责人审核，并进行现场后备监护，核对模拟无误后，进行实际操作。

④ 倒闸操作至少由两人进行，一人操纵，一人监护。

⑤ 倒闸操作中发生任何疑问，必须立即停止操作，并向值班长或调度员询问清楚后再进行操作，不得擅自更改操作票。

⑥ 操作中一定要按规定使用合格的安全工器具和专用工具。

⑦ 有雷电时禁止进行倒闸操作。

⑧ 操作时，操作人员一定要集中精力，严禁边操作边聊天或做与操作无关的事，非参与操作的其他值班人员，应加强监视，密切注意设备运行情况，做好事故预想，必要时提醒操作人员。

⑨ 为避免误操作的发生，除紧急情况及事故处理外，交接班时一般不安排倒闸操作，条件允许时，重要的操作应尽可能安排在负荷低谷时进行，以减少误操作时对电网的影响。

⑩ 倒闸操作应严格按照倒闸操作制度的要求进行，严格执行倒闸操作的步骤。

⑪ 操作时，必须先核对设备的名称和编号，并检查开关、刀闸、自动开关的位置与工作票所写的相符。

⑫ 操作中，应认真执行监护制度和复诵制度，每操作完一步即有监护人在操作项前画✓。

⑬ 操作人与带电体应保持足够的安全距离，同时应穿长袖衣服和长裤。

⑭ 用绝缘杆拉、合高压刀闸及跌落式熔断器或经转动机构拉、合高压开关和高压刀闸、高压负荷开关时，应戴绝缘手套，操作室外设备时，还应穿绝缘靴。

⑮ 带电装、卸高压熔丝管时，应使用绝缘夹钳或绝缘杆，戴防护眼镜，并应站在绝缘垫上和戴绝缘手套。

⑯ 雨天操作室外高压设备时，使用的绝缘杆应戴有防护罩，雷雨时，停止室外倒闸操作。

⑰ 操作人员不准口头约定停电或送电，必须有工作票，并严格按工作票的操作程序进行操作。

⑱ 高低压设备无论带电与否，未经许可，任何人不准单独移开遮拦或越过警戒线进行操作和巡视。

⑲ 设备送电前，运行人员必须对设备进行验收检查，同时督促工作负责人对设备的检修、试验工作做好完整的记录，由运行值班人员办理有关工作票的终结手续，拆除一切与检修有关的安全措施（调度下令的安全措施均应按调度命令执行），恢复固定遮拦与常设标志牌，对设备各连接回路进行检查，使设备具备送电条件。

⑳ 电气设备停、送电操作原则：停电操作时，先停一次设备，后停保护、自动装置，送电操作时，先投入保护、自动装置，后投入一次设备。

㉑ 一次设备倒闸操作过程中保护及自动装置必须始终处于投入状态（操作过程中容易误动的保护及自动装置除外）。

㉒ 操作员在得到调度员的正式操作命令后，才能进行操作。操作中若发生疑问，应立即停止操作，待弄清问题后，再进行操作。

㉓ 倒闸操作中发生断路器或隔离开关拒动时，必须首先查明操作条件是否具备，操作步骤是否正确，不得随意解除闭锁。

㉔ 下列操作可以不填写倒闸操作票，但必须做好相关运行记录。

- 事故处理；
- 断开或合上断路器的单一操作；
- 拆除或拉开全站仅有的一组接地线或接地刀闸。

16. 倒闸操作的原则

（1）一般操作原则

① 设备停电时，先操作一次设备，后停用继电保护、自动装置等二次设备，送电操作时，先投入继电保护、自动装置等二次设备，后操作一次设备。

② 解环操作前，应先检查解环点的有功、无功潮流，确保解环后系统各部分电压在规定范围以内，通过任一设备的功率不超过动稳定极限及继电保护装置的要求限制等。

（2）变压器的操作

① 10 kV 箱式变压器送电一般应由高压侧（10 kV 侧）充电，再送低压侧（270 V 侧），停电时先停低压侧（270 V 侧），再停高压侧（10 kV 侧）。

② 新投入或大修后的变压器有可能改变相位，合环前要进行相位校核。

（3）线路操作

① 线路停电操作时应先断开线路断路器，其次拉开线路侧隔离开关，最后拉开母线侧隔离开关。线路送电操作与此相反，严防带负荷拉隔离开关。

② 在拉、合 10 kV 线路侧接地刀闸（包括挂接地线）的操作时，必须先验明线路三相确无电压。

③ 拉开线路两侧的断路器和隔离开关后，才允许在线路两侧合接地刀闸或挂地线并挂标志牌，接受施工命令之后才能许可站内工作。

④ 工作结束后，施工地线全部拆除，施工人员退出现场，具备送电条件时，向调度汇报竣工，按调度命令拆除线路侧接地线，恢复送电。

（4）母线操作

① 10 kV 母线充电时，必须投入充电保护，充电完毕后退出充电保护。

② 母线停送电操作中，必须避免电压互感器二次侧反充电。即停电操作先断开电压互感器二次小开关，后断开待停母线的电压互感器隔离开关。送电操作必须在合上相应母线的电压互感器隔离开关后，再合上电压互感器二次小开关。

③ 母线停送电操作必须先将母线上所带负载断开后方可进行。

（5）断路器的操作

① 断路器合闸操作前所有继电保护应按规定投入。

② 断路器合闸后，必须检查确认三相均已合上，三相电流是否正常，指示灯指示是否正确。

③ 断路器检修时必须断开断路器及两侧隔离开关，在断路器两侧合上接地刀闸或挂接地线。

④ 操作前检查控制回路、辅助回路控制电源，储能机构已储能。

⑤ 长期停运的断路器在正式操作前，通过远方控制方式进行操作 2~3 次，无异常后，方可进行送电操作。

（6）隔离开关的操作规定

① 隔离开关不允许带负荷操作，必须在与之串联的开关确已断开的情况下方可进行操作。

② 停电时必须按先断负荷侧、后断电源侧隔离开关，送电时先合电源侧，后合负荷侧隔离开关的顺序操作。

③ 隔离开关操作后，需检查三相到位、接触良好、辅助接点是否转换良好，操作机构正常。

（7）保护及自动装置的操作

① 设备正常运行时，应按有关规定投入其继电保护及自动装置。投入继电保护时，先投

保护装置电源（先交流、后直流），然后投入保护出口压板，停用与此相反。其目的是防止投、退保护时引起保护误动。

② 电气设备送电前（合上隔离开关前），应将所有保护投入运行，电气设备停电后（合上接地刀闸后），才能将有关保护停用。

③ 倒闸操作中或设备停电后，如无特殊要求，一般不必操作保护或退出压板。例如，倒闸操作将影响某些保护的工作条件或引起运行方式的变化从而破坏某些保护的原理等情况下，可能引起误动作，应将其继电保护运行方式，定值做相应调整或停用相关保护。

④ 保护回路操作时的注意事项。线路两端的高频保护应同时投入或退出，不能只投一侧高频保护，以免造成保护误动作。闭锁式高频保护投运前要检测高频通道是否正常。正常停用微机保护时，运行人员一般不停整个保护装置的交直流电源，以免保护装置在上电过程中出现异常。

（8）微机监控系统操作

① 微机监控系统只能进行操作使用，不得进行与监控操作无关的任何作业。

② 微机监控系统操作一般不得解锁操作，确需解锁时，必须经当值调度员或公司分管领导同意。

③ 除特殊情况（如监控后台机全停机等）下，不允许在断路器机构内实现就地操作。

（9）电压互感器的操作

电压互感器停电时，应先进行其二次电压的切换（将停电电压互感器的二次负荷切换到另一电压互感器供电，但必须是一次先并列或先停用接入该电压互感器二次回路中可能误动的保护或自动装置），然后取下电压互感器低压保险或断开其低压空开，再拉开其高压刀闸。

（10）无功补偿装置一般操作

① 无功补偿装置的投退操作应按调度命令或现场规程进行。

② 无功补偿装置停电的操作顺序是：断路器—电容器刀闸—母线侧刀闸，送电时的顺序相反。

③ 当母线停电时应先停该母线上的SVG（无功发生器），后停出线及母线，供电的顺序相反。

④ 运行中投退无功补偿的间隔时间应小于5 min。

17. 运行管理制度

（1）巡回检查管理的一般要求

① 为加强对设备的监视，及时了解和掌握设备运行情况，发现和消除事故隐患，保证设备正常运行，运行各岗位值班人员需严格执行本制度。

② 值班人员应按规定的检查路线和检查项目进行认真检查。

③ 巡回检查工作应由岗位值班人员或经考核合格正在实习的值班人员负责进行，在巡回检查中不应从事与检查无关的事情。

④ 各岗位值班人员在巡回检查时思想要集中，应根据检查标准和设备实际情况进行认真分析，确保巡回检查质量。

⑤ 检查时应携带所需工具，包括：巡更衣、对讲机、抹布等；做到腿要走到、眼要看到、耳要听到、鼻要闻到、手要摸到。

⑥ 检查人员应根据部颁《电业安全工作规程》和厂颁《运行规程》的要求进行巡回检查，戴好安全帽，应穿绝缘鞋和戴绝缘手套，注意自我保护，确保巡检安全。

⑦ 本制度所规定的巡回检查时间为最长间隔时间，当遇有雷、雨、大风、洪水、严寒等恶劣天气，除进行正常巡回检查外，应加强重点检查。

⑧ 遇有运行方式变更、设备运行异常、设备过负荷或带病运行、备用设备故障或正在检修、新设备试运行等，应有目的地增加巡回检查次数，做到心中有数。

⑨ 巡回检查过程中发现的异常情况，应根据设备异常类别及时处理，如本班不能消除，应汇报站长，并尽可能采取措施防止缺陷扩大；对于危及人身及设备安全的紧急情况来不及汇报时，应根据运行规程的规定先处理后汇报；对于无故不进行巡回检查、玩忽职守，造成事态扩大者，将给予责任人严厉考核。

⑩ 对于巡回检查不认真、不能及时发现设备缺陷而导致缺陷扩大或缺陷由上一级检查发现者，将视情况给予责任人一定的经济处罚。

（2）巡回检查时间

每班次值班人员至少对设备进行三次全面、认真检查，时间为接班后及交班前。如果没有故障，运维人员必须在控制室内监控全站设备的运行情况，随时待命；晚上对电站的一次设备进行巡视，观察可能存在的隐患。

（3）巡回检查路线

巡回检查路线为主控室—高压开关室—站用配电室—SVG—干湿变压器—1# 站—*N*# 站—站用电主变—35 kV 进网线。

（4）巡检内容

① 绝缘瓷瓶表面应清洁，无破损，无裂纹，无放电痕迹，无结冰情况。

② 注油设备的油色、油位应正常，无渗漏，铁质外壳无变形或破损、吸潮剂无变色。

③ 设备无异音、臭味、变色、发热、冒烟及其他异常现象；分线箱门应关好，防止水、潮气及小动物。

④ 导线无过紧、过松现象，无落挂物，烧伤断股情况。接头应紧固，试温片不应融化，雨天无水汽蒸发现象，接头及连接处温度不得超过 70 ℃雪天无融雪现象。

⑤ 所有仪表、信号、指示灯、压板、插头、设备等位置指示器与运行要求相符。

⑥ 变压器冷却装置是否正常，检查变压器的油温、瓦斯继电器的油面和连接的油门是否正常，防爆管的隔膜是否完整无损。

⑦ 主控室，配电室，35 kV 开关站，无功补偿装置，分站房的门窗应良好，照明应充足，夏天逆变器室内温度要适宜。

⑧ UPS 主机、蓄电池运行应正常，室内通风及室温要适宜，直流母线电压和浮充电流应符合要求。

⑨ 电池板、汇流箱及电池板安装支架应完好，每月一次全场电池板巡视，应无松脱和破损，夏秋季节每月清理一次电池板附近杂草。

⑩ 逆变器室内设备、升压变压器位置指示，声音，气味应正常，夏季应保持室内通风设施运行正常，消防设施应合格，摆放整齐，每月清扫一次卫生。

（5）交接班规定

① 接班程序：巡视检查电站主要设备—查阅上一班岗位记录—询问本岗位上一班有关情况—参加班前会—整点签名换班。

② 接班前必须了解清楚如下情况：运行方式、检修安全措施；重要设备的运行状况和运行参数、自动装置投入情况；存在缺陷和隐患的设备及其运行参数；公共工具、用具、仪表仪器、钥匙、资料等有无缺少或损坏；前一次交班到本班接班期间内设备运行情况、检修工作情况及设备异动等；现场卫生和文明生产情况是否符合要求；值班长或主值必须了解下属人员的精神状态和思想状况。

③ 班前会的要求。正点接班前5 min准时进行；在规定地点按规定秩序整齐排列队伍,做到严肃认真；按照从主要岗位到辅助岗位一次进行简明扼要的汇报；主持人突出重点，简洁明了地总结上班情况，布置本班工作、注意事项、事故预想；对口接班，接班者先签名表示同意接班,然后交班者签名离开岗位。

④ 有下列情况之一者不得进行接班（即“五不接”）：操作、试验未告一段落时不接；事故处理中不接；记录不清、交代不明、心中无数不接；现场不整洁、使用工具、仪表仪器、钥匙、图样资料短缺或损坏、未做出交代和记录不接；有其他妨碍安全运行的情况时不接。

⑤ 接班时如上一班在进行事故处理和重大操作，接班者在上一班主值、班长要求指挥下有义务协助进行操作，但不得私自进行任何操作。

（6）运行值班纪律

① 运行值班记录要求做到十不准：不准看报纸、杂志和非专业书籍；不准高声喧哗和骂人、打架、吹口哨、唱歌、起哄；不准随地吐痰、乱倒茶水、乱丢饭菜、纸屑、杂物等；不准串岗、溜岗、打瞌睡、迟到、早退，特殊情况确需离开岗位应按规定办理请假手续，并经上级负责人同意后方可离开，任何岗位不得出现空岗现象；不准损坏、挪用公私物品和任意拆除、移动安全设施，乱拨岗位时钟；不准干私活，不准谈股、炒股；不准在生产区内吸烟（含控制室）；不准带小孩、亲友上班；不准在设备上烘烤物品，不准使用电炉取暖、烧水；不准在值班时间内烹煮食物，吃零食。

② 值班作风要求做到：任何人不得单独监盘操作；监盘者坐姿端正，任何场所不得脱鞋、翘脚以及将腿搁在表盘、桌椅上；运行日志及其他物品应整齐摆放在专用位置，不得放在表盘和其他场所；监盘者应严密监视表计，注意变化趋势，所有画面、表计均应进行浏览，重要表计、画面加强监视，发现异常情况冷静分析及时调整处理并汇报；经常保持值班场所整洁美观，工具、仪器仪表、钥匙、记录簿、餐具、茶具摆放整齐，图样资料用后放回原处；就餐应定时定点，饭后即时收拾残物，放入指定地点，保持环境卫生；提倡文明礼貌值班，做到语言美、行为美，热情接待有关领导和外来参观人员，回答问题应起立，监盘人员应礼貌地谢绝提问；非值班人员在未经当值班长允许的情况下不得进入控制室，与运行、操作无关人员不得进入警戒线以内；进入生产区域应佩戴岗位证。运行与维护人员应认真填写好表3-10～表3-13。

表3-10 值班日志

日期：

交班人：			接班人		
电站负责人		运行负责人		电站值班员	
天气情况		气温/℃		当年安全运行天数	
平均日照强度		最高日照强度		最低日照强度	
逆变器运行时间			能见度		

发电量/(万kW·h)	日计		上网电量/(万kW·h)	日计		用网电量/(万kW·h)	日计	
	月累			月累			月累	
	年累			年累			年累	

逆变器出口电量	单台	逆变器号	发电量/(kW·h)	日负荷情况	线路	有功功率	无功功率
	最高				最高		
	最低				最低		

电气系统运行方式

35 kV开关	3511	3512	SVG	3514	1#站用变	2#站用变
箱变	01XB	02XB	03XB	04XB	05XB	06XB
逆变器	01	02	03	04	05	06

光伏阵列运行情况

线路	装机阵列	运行阵列	停机阵列	线路	装机阵列	运行阵列	停机阵列
光伏一线				光伏二线			

全站总装机 台，运行 台，停 台，全天最多运行台数 台

首合逆变器时间		尾台逆变器脱网时间	

计量表	正向有功		反向有功		正向无功		反向无功	
	底码	电量	底码	电量	底码	电量	底码	电量
3511								
3512								
3513								

主要记事

时间	事件			
地线装设登记	编号	装设地点	编号	装设地点

表3-11　运维人员现场巡检签到表

日期：　　　　　　巡检区域　#方阵

日期	上　　午		下　　午	
	巡视情况登记	签到人	巡视情况登记	签到人
1				
2				
3				
4				
5				
6				
7				
8				
9				
10				
11				
12				
13				
14				
15				
16				
17				
18				
19				
20				
21				
22				
23				
24				
25				
26				
27				
28				
29				
30				
31				

表3-12 巡回检查记录表

日期：

时间	逆变器室温度	逆变器温度	箱变声音	箱变温度	直流电缆温度	直流回路状态	通信状态	直流电压	检查人
8:00									
10:00									
12:00									
14:00									
16:00									
18:00									
20:00									
备注：									

表3-13 光伏电站发电单元参数记录表

时间	______区发电单元															
	A逆变器								B逆变器							
	输入功率/W	输出功率/W	输入电压/V	A相输出电压/V	B相输出电压/V	C相输出电压/V	输入电流/A	输出电流/A	输入功率/W	输出功率/W	输入电压/V	A相输出电压/V	B相输出电压/V	C相输出电压/V	输入电流/A	输出电流/A
8:00																
10:00																
12:00																
14:00																
16:00																
18:00																

习　题

1. 大型地面并网光伏电站运行与维护的程序和流程是什么样的？
2. 大型地面并网光伏电站运行有哪些规定？
3. 大型地面并网光伏电站中运行管理制度包含了哪些方面的内容？
4. 光伏电站设备的维护要满足哪些方面的要求？
5. 光伏电站中的“两票三制”管理制度包含哪些方面的内容？

分布式并网光伏电站概述

学习目标

- 掌握分布式并网光伏电站的定义和分类。
- 掌握不同类型的分布式并网光伏电站的组成结构和特点。
- 掌握集中式逆变器、组串式逆变器、多组串式逆变器与微逆变器的特点。
- 掌握光伏并网电站中的孤岛与孤岛检测技术、最大功率跟踪技术、低电压穿越技术。

本章简介

本章首先讲述了分布式并网光伏电站的分类、组成结构和特点，接着介绍了分布式并网光伏电站与大型地面并网光伏电站在组成结构上的不同点，最后针对分布式并网光伏电站中广泛使用的各种逆变器及并网所使用的孤岛与防孤岛检测技术、最大功率跟踪技术、低电压穿越技术、并网接入技术等进行了阐述，以便对分布式并网光伏电站的工作原理及工作过程有一个较为全面的认识，为分布式并网光伏电站的运行与维护打下坚实的基础。

4.1　分布式并网光伏电站的定义和分类

4.1.1　分布式光伏发电系统的定义和分类

1. 分布式光伏发电系统的定义

最初的定义为：分布式光伏发电系统是指在用户所在场地或附近建设运行，以用户侧自发自用为主、多余电量上网且在配电网系统平衡调节为特征的光伏发电设施。

——《关于印发分布式光伏发电项目管理暂行办法的通知》(国能新能〔2013〕433 号)

在此基础上，国家电网公司补充了 2 个条件：一是 10 kV 以下接入；二是单点规模低于 6 MW。

——国网《关于印发分布式电源并网服务管理规则的通知》

扩展后的定义：

利用建筑屋顶及附属场地建设的分布式光伏发电项目，在项目备案时可选择“自发自用、余电上网”或“全额上网”中的一种模式。在地面或利用农业大棚等无电力消费设施建设、

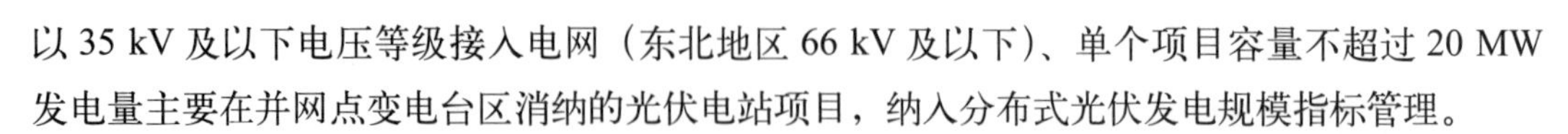

以 35 kV 及以下电压等级接入电网（东北地区 66 kV 及以下）、单个项目容量不超过 20 MW 发电量主要在并网点变电台区消纳的光伏电站项目，纳入分布式光伏发电规模指标管理。

——《关于进一步落实分布式光伏发电有关政策的通知》(国能综新能 [2014]406 号)

分布式光伏发电系统的定义体现为分布光伏发电系统的以下几个特征：

特征一：位于用户附近。特征二：10 kV 及以下接入，对于渔光互补 / 农光互补为 35 kV（66 kV）及以下接入。特征三:接入配电网并在当地消纳。特征四:单点容量不超过 6 MW（多点接入以最大为准），渔光互补 / 农光互补单点接入容量不超过 20 MW。

2. 分布式光伏发电系统的分类

分布式光伏发电系统可以分为离网、并网及多能互补微电网型分布式光伏发电系统，具体的分类如图 4-1 所示。

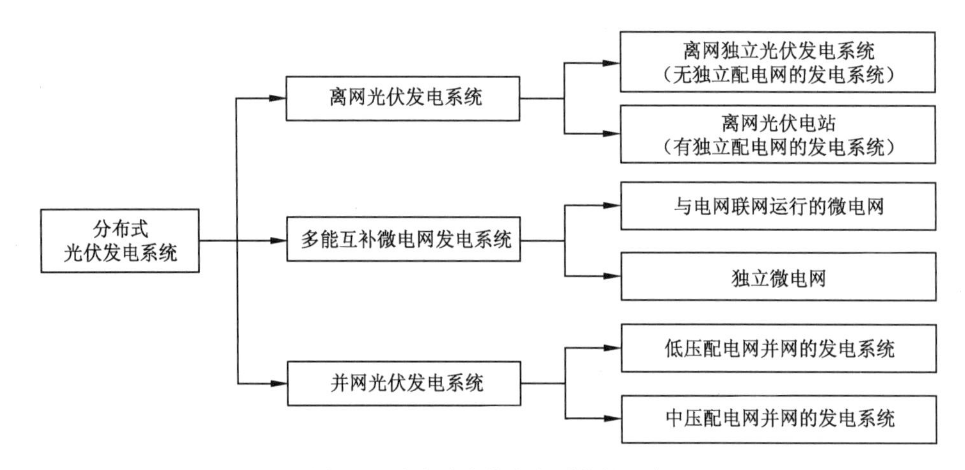

图4-1　分布式光伏发电系统的分类

4.1.2　分布式并网光伏电站的定义和分类

1. 分布式并网光伏电站的定义

凡是在低压电网和中压电网单位内网接入的分布式光伏电站都属于分布式光伏并网光伏电站，应当按照分布式光伏发电程序申报，并按照分布式光伏项目进行设计、安装和管理。享受国家分布式光伏发电度电补贴政策，执行《光伏发电系统接入配电网技术规定》(GB/T 29319—2012)。

2. 分布式并网光伏电站的分类

分布式并网光伏电站的分类如图 4-2 所示。按照分布式光伏电站并网方式的不同可以分为低压并网型和中压并网型，其中低压并网型是指通过 220 V 或 380 V 电压等级接入电网，中压并网型则是通过 10 kV 及以下电压等级接入电网。国家标准《分布式电源配电网并网标准》中规定：接入电网的分布式电源装机容量不宜超过上一级变压器供电区域内最大允许负荷的 25%。不同规模的分布式电源通过不同电压等级接入电网；通过 220 V 电压单相单点接入的分布式电源其装机容量不宜超过 15 kW，通过 380 V 电压三相单点接入的装机容量不宜超过

200 kW。分布式电源具备多个电压等级接入条件时，宜优先采用低电压等级接入。10 kV 及以下电压等级单个并网点接入的分布式电源的装机容量应小于 6 MW。分布式并网光伏电站按照安装位置来分又可以分为：建筑物型和小型地面型分布式并网光伏电站，其中建筑物型是指利用工业屋顶、商业屋顶及户用屋顶、幕墙、车棚、隔音墙、农业大棚等来建设的分布式并网光伏电站；小型地面型则是指利用鱼塘、海岛、边远地区和农村、其他公共设施提供的小空地来建设的分布式并网光伏电站。

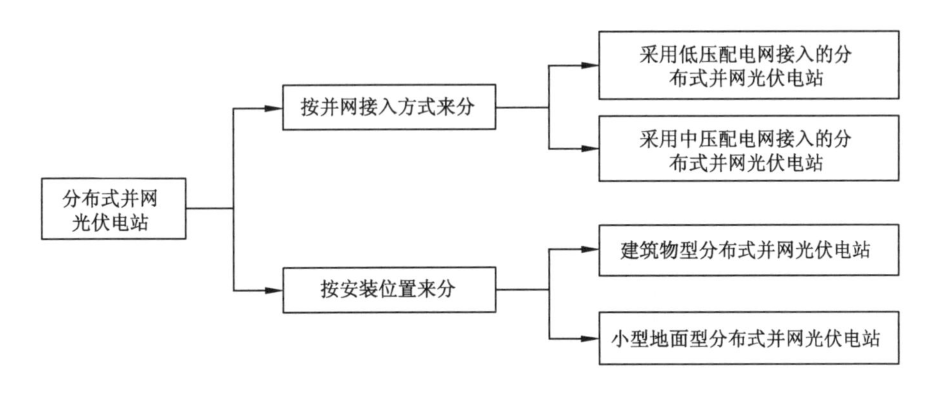

图4-2　分布式并网光伏电站的分类

4.2　分布式并网光伏电站的组成结构和特点

4.2.1　分布式并网光伏电站的组成结构和工作原理

1. 分布式并网光伏电站的组成结构

（1）装机容量低于 200 kWp 的分布式并网光伏电站

对于装机容量低于 200 kWp 的分布式并网光伏电站其组成结构基本都是一样，以户型 5 kW 家用分布式并网光伏电站为例，装机容量低于 200 kWp 的分布式并网光伏电站的组成结构框图如图 4-3 所示，对应的组成结构效果图如图 4-4 所示。

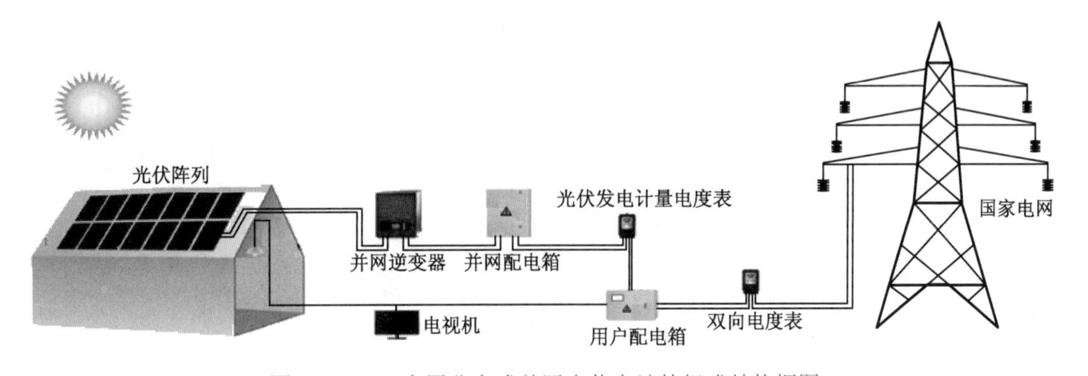

图4-3　5 kW家用分布式并网光伏电站的组成结构框图

图4-4　5 kW家用分布式并网光伏电站的组成结构效果图

从图 4-3 中可以看出分布式并网光伏电站由光伏直流部分、逆变部分、计量部分等组成，其中光伏直流部分由光伏阵列组成，逆变部分为逆变器，计量部分则包括光伏发电计量电度表和双向电度表。

（2）装机容量大于 200 kWp 小于 30 MWp 的分布式并网光伏电站

装机容量大于 200 kWp 小于 30 MWp 的分布式并网光伏电站，对应的基本组成结构框图如图 4-5 所示。

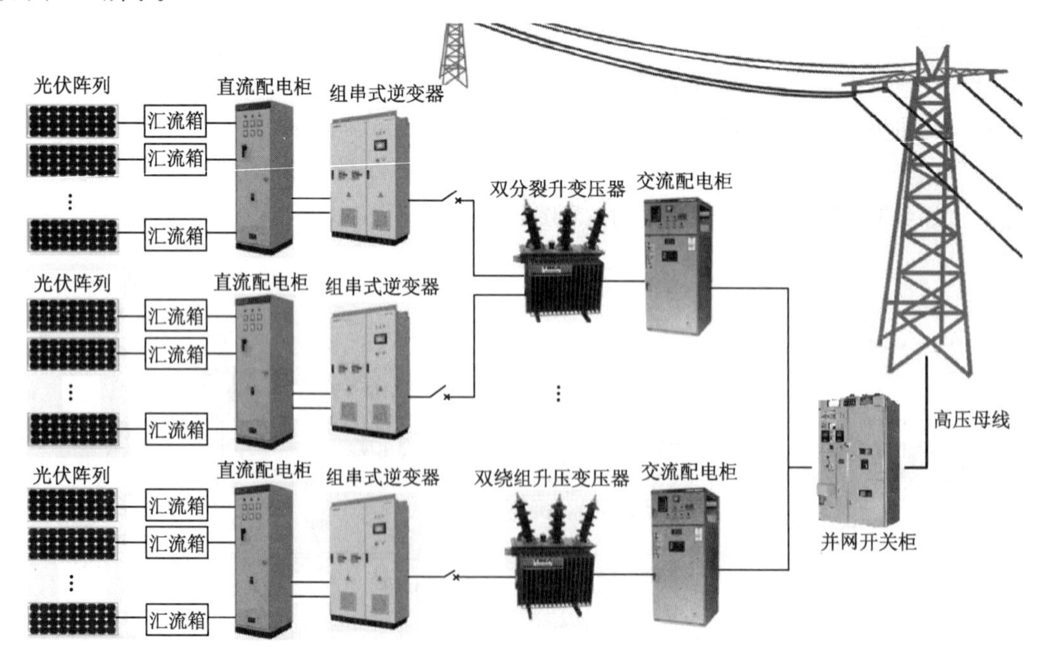

图4-5　装机容量大于200 kWp小于30 MWp的分布式并网光伏电站的基本组成结构框图

2. 分布式并网光伏电站的工作原理

以户型 5 kW 家用分布式并网光伏电站为例，分布式并网光伏电站的电气连接图如图 4-6 所示。

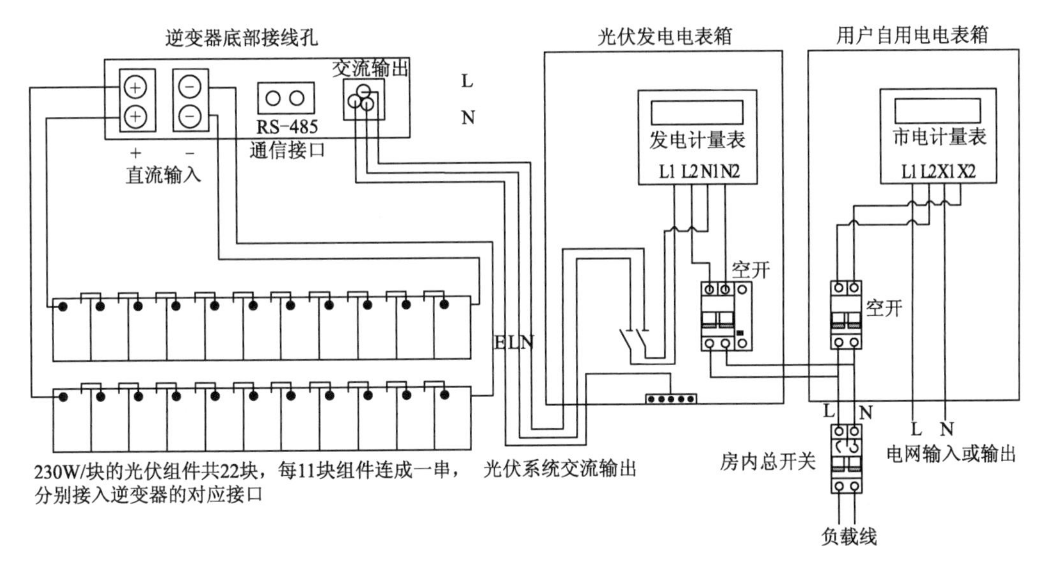

图4-6　分布式并网光伏电站的电气连接图

分布式并网光伏电站的工作原理：光伏组件将太阳能转化为直流电能，然后再通过并网逆变器将直流电转化为与电网同电压同频率的交流电供电用户直接使用或输送至国家电网，并通过电度表计量进行电量的结算。

4.2.2 分布式并网光伏电站的特点

分布式并网光伏电站充分利用闲置屋顶、墙壁、阳台、农业大棚及其他小型空地进行发电并获取收益，以自发自用为主，富余电量卖给国家，实现经济和环境效益的双赢，并且获得了国家、省、地市政策的大力支持，给予长期的专项资金补助，并且安装方便、维护简单、成本低、效率高、寿命长，节能环保，可实现可持续发展，造福子孙后代。

1. 分布式并网光伏屋顶电站的特点

分布式并网光伏屋顶电站是指利用厂房、公共建筑等屋顶资源开发的光伏电站，该类电站所安装的光伏组件朝向、倾角及阴影遮挡情况较复杂，规模受有效屋顶面积限制，装机容量一般为 3 kW ～ 20 MW，是当前分布式光伏应用的主要形式，其所发电直接馈入低压配电网或 35 kV 及以下中压电网，基本能就地消纳。该类电站大致可以细分为工业、商业和户用并网光伏屋顶电站。

工业屋顶包括组串式逆变方案和集中式逆变方案两种架构形式，其中组串式逆变方案的工业屋顶光伏电站的结构图如图 4-7 所示。

工业屋顶组串式逆变方案采用高效的组串式逆变器，具备多路 MPPT，适合屋面不平整，朝向不一致的复杂应用场合，电站容量一般在 300 kW 以上，一般是 10 kV 或 35 kV 接入公共电网或用户电网。

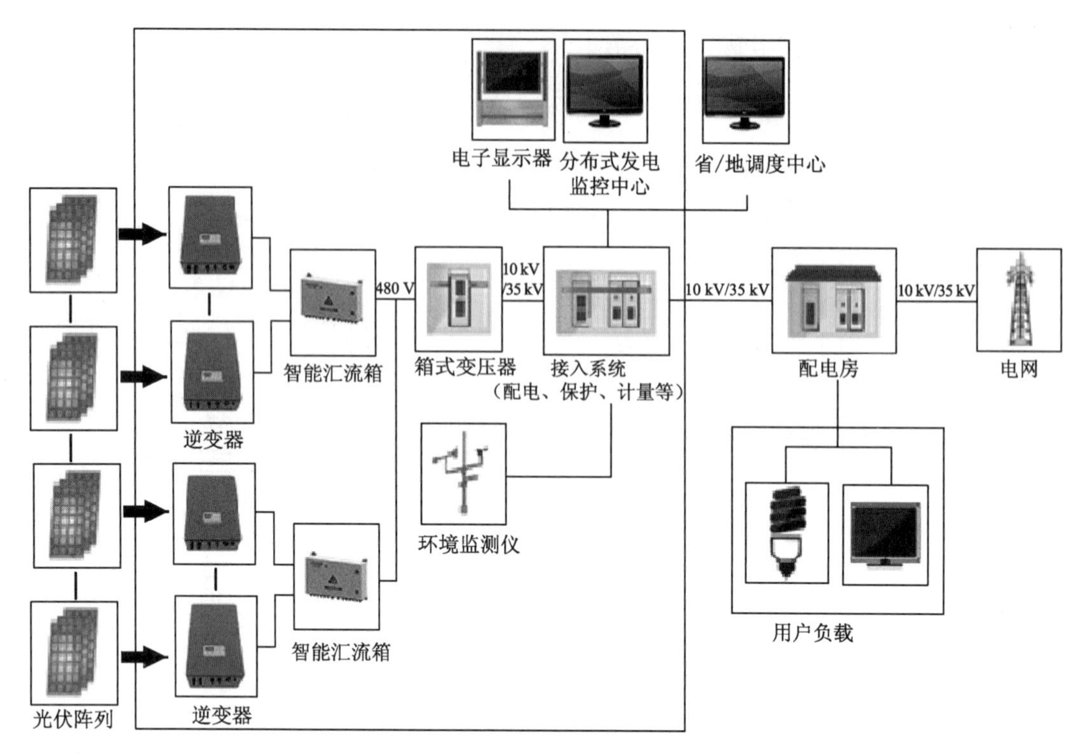

图4-7　组串式逆变方案工业屋顶并网电站

集中式逆变方案的工业屋顶光伏并网电站则适合于屋面平坦，无遮挡的工业屋顶，一般是采用 10 kV 或更高电压等级接入公共电网或用户电网，电站容量一般在兆瓦（MW）级以上，其组成结构框图如图 4-8 所示。

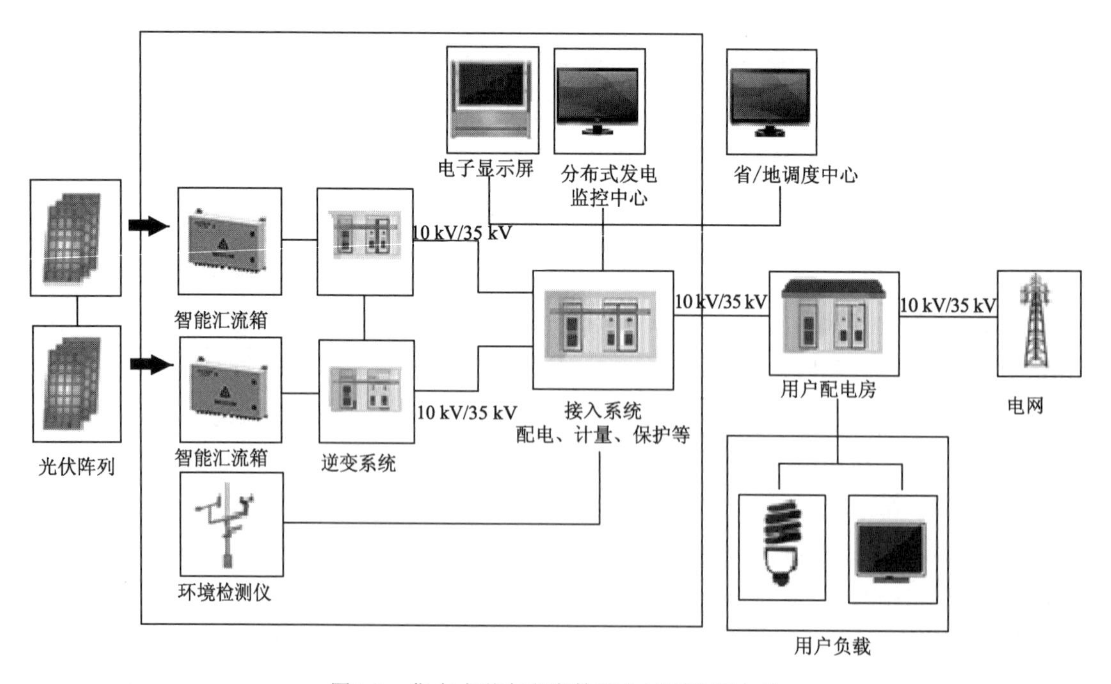

图4-8　集中式逆变方案的工业屋顶并网电站

商业屋顶和户用屋顶并网型光伏电站，一般采用组串式且具备多路 MPPT 的逆变方案，其中商业屋顶组串式逆变方案采用 380 V 电压等级接入公共电网或用户电网，常见于屋面不平整、朝向不一致的商用建筑、中小公共建筑屋顶，电站容量一般在 200 kW 左右。其组成结构框图如图 4-9 所示。

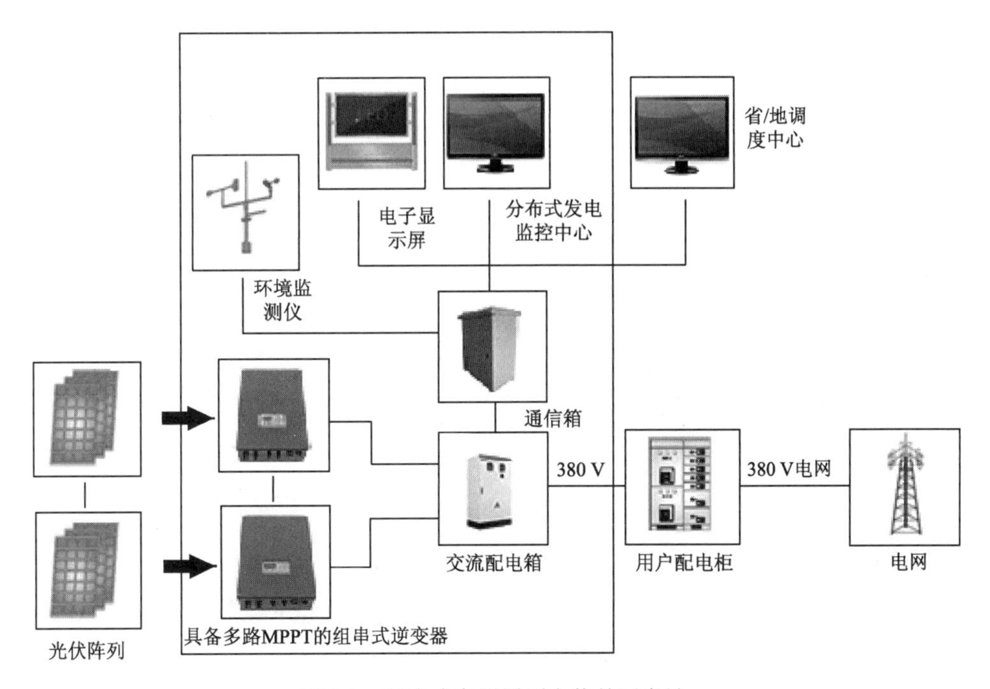

图4-9　组串式商用屋顶光伏并网电站

户用屋顶组串式方案则是采用 220 V 电压等级接入公共电网或用户电网，常见于住宅、别墅屋顶，电站容量一般在 3 ～ 10 kW 之间。户用屋顶光伏并网电站的组成结构框图如图 4-10 所示。

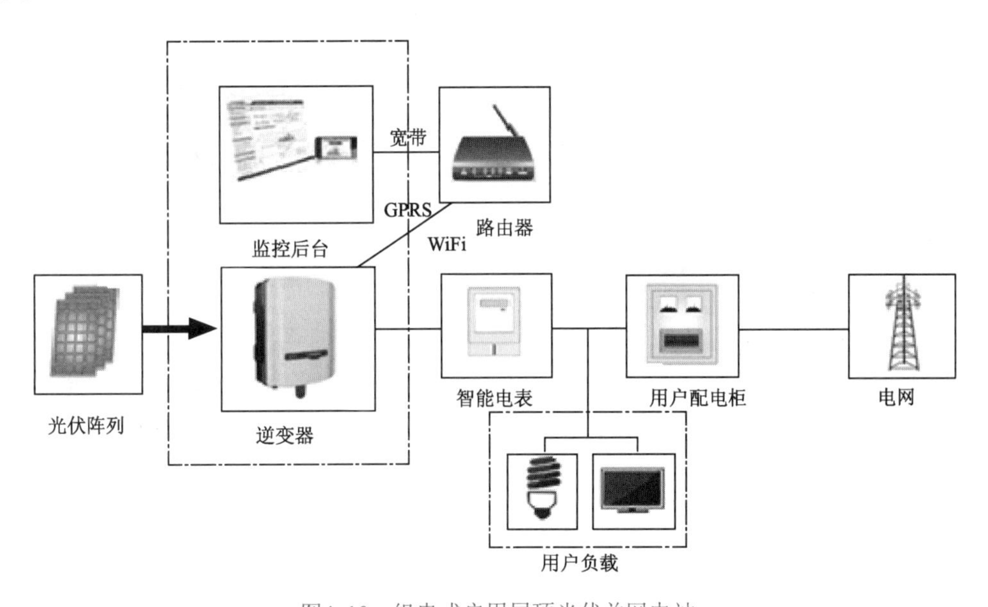

图4-10　组串式户用屋顶光伏并网电站

2. 农光互补和渔光互补分布式并网光伏电站的特点

农光互补和渔光互补分布式并网光伏电站是利用光伏发电无污染零排放的特点，与高科技大棚（包括农业种植大棚和养殖大棚）有机结合，在大棚的部分或全部向阳面上铺设光伏发电装置，它既具有发电能力，又能为农作物及畜牧养殖提供适宜的生长环境，以此创造更好的经济效益和社会效益，目前主要有光伏农业大棚、光伏养殖大棚、水上漂浮及水上固定分布式并网光伏电站等几种形式。农光互补和渔光互补分布式并网光伏电站的外观图分别如图 4-11 和图 4-12 所示。

图4-11　农光互补分布式并网光伏电站外观

图4-12　渔光互补分布式并网光伏电站外观

在不同的并网接入方式和装机容量下，农光互补和渔光互补分布式并网光伏电站在组成结构上具有不同的特点，对于以 380 V 电压等级接入电网，容量在 300 kW 左右的鱼塘、农业大棚其对应的组成结构如图 4-13 所示。

对于地势不平，有遮挡，接入 10 kV/35 kV 电网，容量 MW 级以上的渔光互补和农光互补分布式并网光伏电站，其组成结构特点如图 4-14 所示。

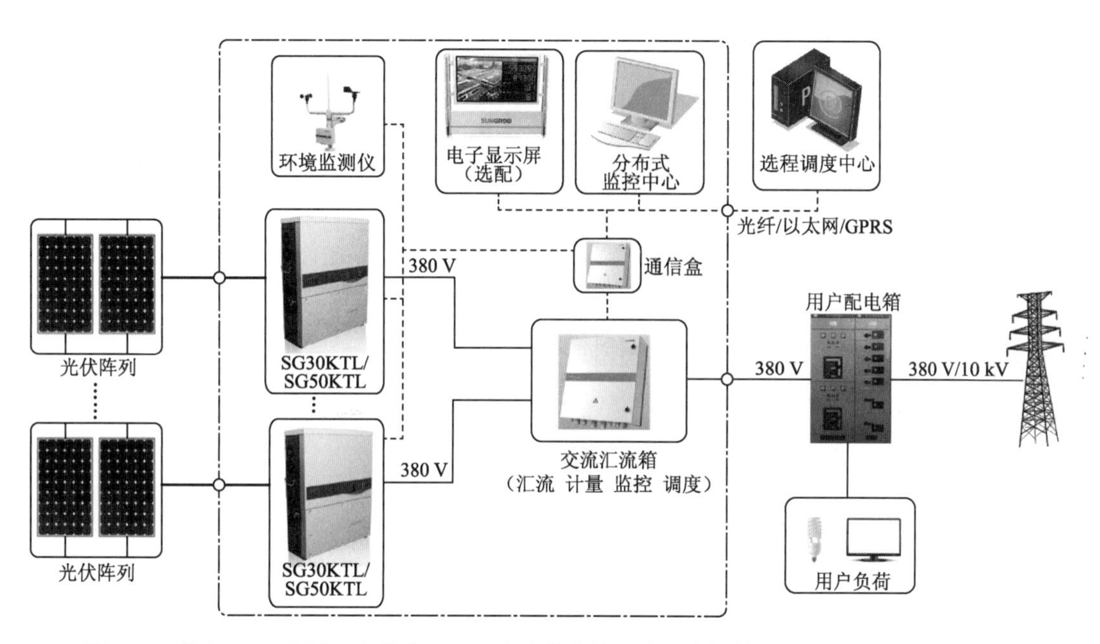

图4-13　接入380 V电网，容量为300 kW左右的鱼塘、农业大棚等的光伏电站组成结构特点图

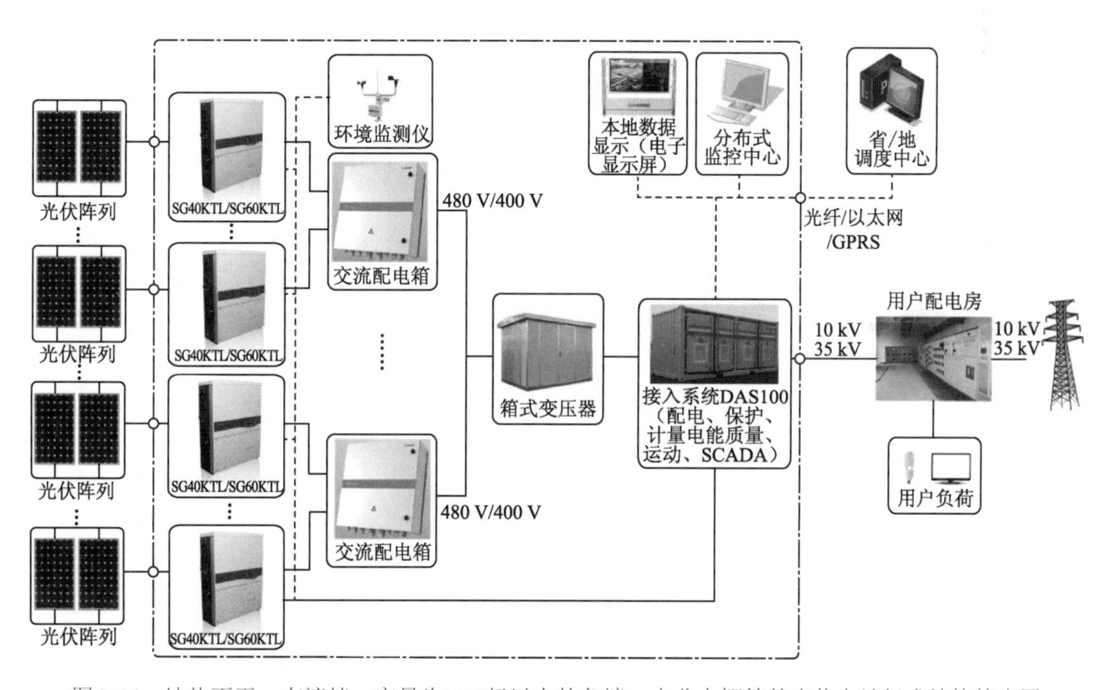

图4-14　地势不平，有遮挡，容量为MW级以上的鱼塘、农业大棚等的光伏电站组成结构特点图

对于地势平坦，无遮挡，接入 10 kV/35 kV 电网，容量在 MW 级以上的渔光互补和农光互补式分布式并网光伏电站，其组成结构上的特点如图 4-15 所示。

农光互补和渔光互补分布式并网光伏电站的特点及说明如图 4-16 所示。

3. 分布式并网光伏电站的特点总结

针对上述所有分布式并网光伏电站，其对应的特点如图 4-17 所示。

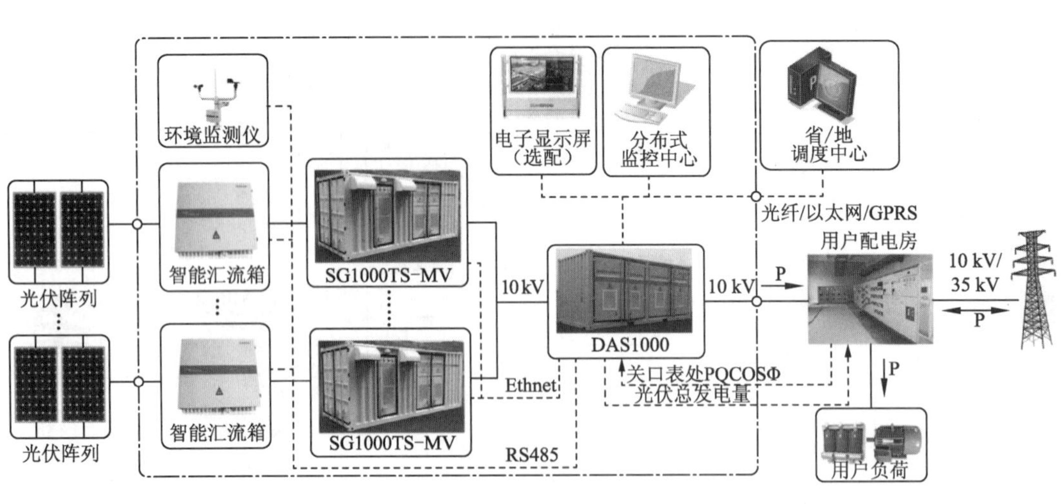

图4-15　地势平坦，无遮挡，容量为MW级以上的鱼塘、农业大棚等的光伏电站组成结构特点图

电站类型	特点	使用的逆变器	说明
小型鱼塘、农业大棚	• 容量30 kW以内 • 并入220 V或380 V电网	组串式样　微型逆变器	• 微型逆变器具有单机功率小，MPPT数量多，可以有效解决失配及提高发电量，但成本高； •组串式逆变器具有重量轻，无噪声、通信灵活、成本低等优点，适用于大面积安装。
中型鱼塘、农业大棚	•容量一般在300 kW左右 •并入380 V电网	组串式 400 V输出　480 V输出（10 kV并网）	•对于400 V并网的，可选择输出电压等级为400 V的组串逆变器，直接并网； •对于需要10 kV并网点，可选择480 V输出的组串逆变器，经过升压后并入10 kV。
大型鱼塘、农业大棚	•容量在20 MW以内 •并入10 kV或35 kV电网	组串式SG40/60KTL　集中式逆变SG1000T	•对于存在朝向和遮挡问题的屋顶和山地电站，可以优先选择多路MPPT的组串式逆变器； •部分无遮挡或存在承重等问题屋顶、平坦的山地等，可以考虑集中式。

图4-16　渔光互补和农光互补分布式并网光伏电站特点说明图

鱼塘、湖泊

• 10 kV/35 kV并网，容量小于20 MW

农业大棚

• 10 kV/35 kV并网，容量小于20 MW

工业屋顶

• 10 kV/35 kV并网，容量小于300 kW

荒山荒地

• 10 kV/35 kV并网，容量小于20 MW

商业屋顶

• 380 V并网，容量300 kW左右

户用屋顶

• 220 V或380 V并网，容量在8 kW以下

图4-17　分布式并网光伏电站特点图

4. 大型地面并网光伏电站与分布式并网光伏电站的比较

与传统集中式发电方式相比，分布式发电具有投资较少、发电方式灵活、环保性能好等优点。大型地面并网光伏电站与分布式并网光伏电站相比较，主要区别在于电站的规模，大型地面并网光伏电站，离负荷中心较远，规模较大；而分布式并网光伏电站一般位于负荷中心附近，可就地消纳，规模也比较小一些。

分布式并网光伏电站基本特点是基于建筑物表面，可就近解决用户的用电问题，通过并网实现供电差额的补偿与外送。其对应的优点如下：

① 处于用户侧，发电供给当地负荷，可以有效减少对电网供电的依赖，减少线路损耗。

② 充分利用建筑物表面，可以将光伏电池同时作为建筑材料，有效减少光伏电站的占地面积。

③ 拥有与智能电网和微电网的有效接口，运行灵活，适当条件下可以脱离电网独立运行。

④ 分布式并网光伏电站比大型地面并网光伏电站能省系统并网接入费用、升压站建设费用、公共电网改造费用、前期申请规划费用。

⑤ 分布式自发自用，多余上传，能够确保电站的足额发电，不存在弃光风险。

分布式并网光伏电站的缺点：

① 配电网中的潮流方向会适时变化，逆潮流导致额外损耗，相关的保护都需要重新整定，变压器分接头需要不断变换等。

② 电压和无功调节困难，大容量光伏接入后功率因数的控制存在技术性难题，短路电力也将增大。

③ 需要使用配电网级的能量管理系统，在大规模光伏接入的情况下进行负载的同一管理。对二次设备和通信提出了新的要求，增加了系统的复杂性。

大型地面并网光伏电站的基本特点是充分利用荒漠地区丰富和相对稳定的太阳能资源构建大型光伏电站，接入高压输电系统供给远距离负荷。

大型地面并网光伏电站的优点：

① 由于选址灵活，光伏出力稳定性有所增加，并且充分利用太阳辐射与用电负荷的正调峰特性，起到削峰的作用。

② 运行方式较为灵活，相对于分布式并网光伏电站可以更方便地进行无功和电压控制，参加电网频率调节也更容易实现。

③ 环境适应能力强，不需要水源、燃煤运输等原料保障，运行成本低，便于集中管理，受到空间的限制小，可以很容易地实现扩容。

大型地面并网光伏电站的缺点：

① 需要依赖远距离输电线路送电入网，同时自身也是电网的一个较大的干扰源，输电线路的损耗、电压跌落、无功补偿等问题会更加突出。

② 大型地面并网光伏电站由于远离负荷中心，所发电能不能就地消纳，在用电低谷时段，会导致弃光、弃电现象。

③ 大容量的光伏电站由多台变换装置组合实现，这些设备的协同工作需要进行统一管理，目前这方面技术尚不成熟。

④ 为保证电网安全，大型地面并网光伏电站接入需要有低电压穿越等新的功能，而这一技术往往与孤岛存在冲突。

除了上述不同点外，还存在着如表 4-1 所示的不同点。

表4-1　大型地面并网光伏电站与分布式并网光伏电站的不同点

序　号	比 较 项 目	分布式并网光伏电站	大型地面并网光伏电站
1	安装地点	多为城镇、建筑物，环境影响较大，容量受限多	多为荒漠、荒山，环境影响小，容量一般较大
2	安装方式	一般为固定安装，倾角、朝向、间距时常受限	可以发展跟踪、聚光等技术
3	申报程序	较简化、前期费用小	较烦琐，需一定的费用
4	电网接入方式	一般低压侧接入，不需升压设备，就地接入，损耗少	高压侧接入，需升压和专用输电线路，增加投资及损耗
5	初始投资	除BIPV成本较大，一般情况下初始投资低，适合分散投资	单位千瓦初始投资一般高于分布式并网光伏电站，适合集中投资

4.3　分布式光伏电站的并网技术

4.3.1　光伏逆变技术

光伏逆变器是一种由半导体元器件组成的电力调整装置，主要用于把光伏方阵发出的直流电转换成交流电。光伏逆变器一般由升压电路和桥式逆变电路构成。升压电路把直流电压升压到逆变器输出控制所需的电压，桥式逆变电路则把升压后的直流电压转换成工频交流电压。光伏逆变器的工作原理框图如图 4-18 所示。

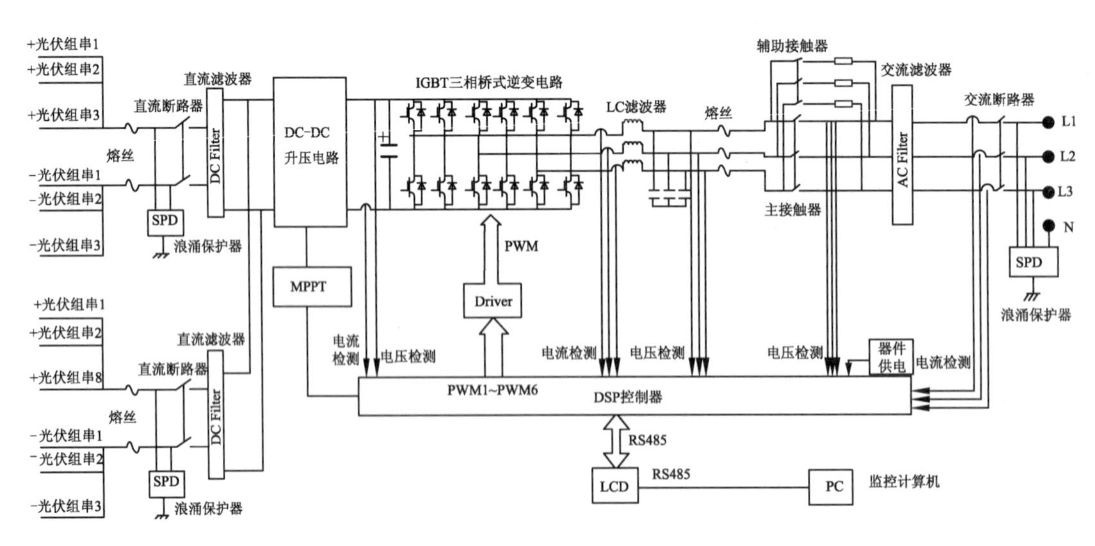

图4-18　光伏逆变器的工作原理框图

并网逆变器作为光伏阵列与电网的接口装置，将光伏电池的电能转换成交流电能并传输到电网上，在光伏并网发电系统中起着至关重要的作用，为了实现最佳方式的太阳能转换，逆变器具有多样化特点，这是由于分布式并网光伏电站安装地点的多样性和复杂性导致太阳能电池板安装的多样性，同时为了使太阳能的转换效率最高同时又兼顾建筑的外形美观的缘故。

目前通用的太阳能逆变方式为：集中式逆变器、组串式逆变器，多组串式逆变器和组件逆变器（微型逆变器）。

1. 集中式逆变器

集中式逆变器功率在 50 ～ 630 kW 之间，系统拓扑结构采用 DC-AC 一级电力电子器件全桥逆变、工频隔离变压器的方式，体积较大，室内立式安装。一般用于大型光伏发电站的系统中，大量并行的光伏组串被连到同一台集中式逆变器的直流输入端，一般功率大的使用三相的 IGBT 功率模块，功率较小的使用场效应晶体管，同时使用 DSP（数字信号处理）转换控制器来改善所产出电能的质量，让它非常接近于正弦波电流。其最大特点是系统的功率高，成本低。但由于不同光伏组串的输出电压、电流往往不完全匹配（特别是光伏组串因多云、树荫、污渍等原因被部分遮挡时），采用集中逆变的方式会导致逆变过程的效率降低和电能的下降。同时整个光伏系统的发电可靠性受某一光伏单元组工作状态不良的影响。

集中式逆变器一般用于日照均匀的大型厂房、荒漠电站、地面电站等大型发电系统中，系统总功率大，一般是兆瓦级以上。

（1）集中式逆变器优点

① 逆变器数量少，便于管理。

② 逆变器元器件数量少，可靠性高。

③ 谐波含量少、直流分量少、电能质量高。

④ 逆变器集成度高，功率密度大，成本低。

⑤ 逆变器各种保护功能齐全，电站安全性高。

⑥ 具有功率因素调节功能和低电压穿越功能，电网调节性好。

（2）集中式逆变器缺点

① 安全问题。集中式方案中采用直流汇流箱，由于内置直流支路熔丝，存在熔不断起火的风险，因为只要有光照光伏电池板就会处于工作状态。对于分布式屋顶厂房来说，带来严重的安全隐患。不仅电站本身经济收益受影响，更重要的是会影响到厂房的其他设备，给业主带来非常大的损失。

② 不规则屋顶，采用单个 500 kW 逆变器无法充分利用屋顶面积。逆变器经常处于过载或轻载或者超配、欠配的情况。

③ 多个朝向的屋顶，电池板有部分阴影遮挡导致组串的不一致性，单路MPPT导致发电量相对较低；同时，各路组串的失配损失也将导致发电量的损失。

④ 逆变器需要专业工程师维护，单个逆变器故障对发电量影响较大，对维护人员的安全

也带来巨大挑战。同时，备件种类较多，故障定位及修复时间长，严重影响客户发电收益。直流汇流箱故障率高，无法监控到每路组串，增加故障定位时间，线路复杂，现场加工的接头多，故障率高；部分项目运行1~2年后，有效发电率低于90%。

⑤ 集中式方案需要逆变器房和相应土建工程，同时需配套相应的风机、风道、烟感、温感等设备，而如果在传统的厂房屋顶安装光伏电站，其配电室不一定能够安置下体积庞大的500 kWp集中式逆变器。不但增加了施工复杂度，还加大了初始投资和运维成本。

⑥ 集中式逆变器需强制风冷，机房消耗电力大，平均至少300 W以上，需要定期扫灰，风扇维护和防尘网更换。

⑦ 集中式逆变器MPPT电压范围窄，一般为450～820 V，组件配置不灵活。在阴雨天，雾气多的部区，发电时间短。

⑧ 集中式并网逆变系统中无冗余能力，如有发生故障停机，整个系统将停止发电。

2. 组串式逆变器

组串式逆变器已成为目前国际市场上最流行的逆变器。在基于模块化概念的基础上，每个光伏组串（1～5 kW）通过一个逆变器，在直流端具有最大功率峰值跟踪，在交流端并联并网。很多大型光伏电厂都使用的是组串式逆变器，其优点是不受组串间模块差异和遮影的影响，同时减少了光伏组件最佳点与逆变器不匹配的情况，从而增加了发电量。技术上的优势不仅降低了系统成本，也增加了系统的可靠性。同时，在组串间引入“主－从”的概念，使得在系统在单串电能不能使用单个逆变器工作的情况下，将几组光伏组串联系在一起，让其中一个或几个工作，从而产出更多的电能。

组串式逆变器适用于中小型屋顶光伏发电系统，小型地面电站。应用组串式逆变器的光伏电站系统包括组件、直流电缆、逆变器、交流配电、电网。

（1）组串式逆变器优点

① 组串式逆变器组网结构简单，可分散在室外就近安装，根据屋顶容量选择合适的逆变器灵活组合，充分利用屋顶面积，增加投资收益。

② 设备种类简单，节省投资。直流汇流箱、直流配电柜、隔离变压器、机房和相关土建工程可全部省去，同时降低现场施工组织难度、缩短工期。综合计算，组串式逆变器系统土建工作量仅为集中式逆变器系统的1/4；从安全可靠性而言，避免了传统集中式方案直流侧着火无法扑灭的风险。

③ 组件不一致性对发电量影响较小，逆变器自用电少，组串式自耗电功率为20 W，仅为集中式的1.3%，根据实际项目的测试，组串式方案系统效率约比集中式方案至少高5%左右。

④ 每台逆变器具备3路独立MPPT，对每一路单独跟踪，单路故障影响小，精细化管理每路电池板输出，全系统发电量高。当出现部分遮挡、部分污损、部分故障时，除了受影响部分的发电量有影响以外，其余部分依然可以保证最大功率输出。

⑤ 组串式逆变器无须专业工程师维护，设备模块化，现场安装调试简单，20 min可完成一台逆变器的更换，无须专业人员值守，实现“傻瓜式”维护；单台逆变器故障对发电量影

响较低，系统可靠性和年可用率较高，逆变器年故障率小于0.5%。

⑥ 每台逆变器可实现 6 路组串智能监测，减少故障定位时间 80%，独立侦测每一路输入的电压和电流，可实时采样组串电流、电压，及时发现线路故障、组件故障、遮挡等问题。通过组串横向比较、气象条件比较、历史数据比较等，提高检测准确性。而且可以和后台网管配合，提供自动运维建议，如清洗、组串匹配优化、逆变器协同等。

⑦ 组串式逆变器 MPPT 电压范围宽，一般为 250 ～ 800 V，组件配置更为灵活。在阴雨天、雾气多的部区，发电时间长。

⑧ 逆变器免维护，自然散热(无风扇设计)，自耗电小，能在雨水，风沙和盐雾环境下可靠运行；目前国内主流的组串式逆变器都已经达到IP65防护等级，无外置风扇设计（这点很关键，外置风扇是逆变器中最容易出现故障和被腐蚀地方之一），逆变器外壳喷涂高耐候室外型涂层保护，散热器采取加厚阳极氧化工艺，以及所有安装部件采取不锈钢等耐腐蚀材料，真正实现了IP65防护，从而满足在盐雾和高湿环境下的应用。

（2）组串式逆变器缺点

① 电子元器件较多，功率器件和信号电路在同一块板上，设计和制造的难度大，可靠性稍差。功率器件电气间隙小，不适合高海拔地区。户外型安装，风吹日晒很容易导致外壳和散热片老化。

② 不带隔离变压器设计，电气安全性稍差，不适合薄膜组件负极接地系统，直流分量大，对电网影响大。多个逆变器并联时，总谐波高，单台逆变器谐波畸变率可以控制到 2% 以上，但如果超过 40 台逆变器并联时，总谐波会叠加，而且较难抑制。

③ 逆变器数量多，总故障率会升高，系统监控难度大。

④ 没有直流断路器和交流断路器，没有直流熔断器，当系统发生故障时，不容易断开，组件组串短路会造成严重事故。

⑤ 单台逆变器可以实现零电压穿越功能，但多机并联时，零电压穿越功能、无功调节、有功调节等功能实现较难。

⑥ 10 MW 电站使用组串式逆变器需要 300 ～ 400 台，按照电气供电可靠性理论，电站故障率是使用 500 kW 逆变器的 10 倍以上。

⑦ 由于受国内人工施工水平限制，会出现接错、反接、松接、虚接等问题，而且单个逆变器有 10 个接点，400 台逆变器就有 4 000 个接点，只要有某些检查不到位，1 000 V 直流电压的条件下，直流拉弧现象会很严重，烧毁机器的现象会经常发生；组串式电站规模越大，通信结点越多，综合继电保护系统要重新设计。

⑧ 组串式逆变器在 40 ℃的环境温度的条件下，才能达到满额运行，每上升 10 ℃会降额 5%，500 kW 逆变器可以在 55 ℃的环境温度条件下 1∶1.1 满额运行。

⑨ 组串式逆变器比集中式逆变器成本每瓦高出 0.15~0.2 元。

3. 多组串式逆变器

多组串式逆变器是取了集中逆变和组串逆变的优点，避免了其缺点，可应用于几千瓦的光伏发电站。其功率一般小于 30 kW，功率开关管采用小电流的 MOSFET，拓扑结构采用 DC-DC-BOOST 升压和 DC-AC 全桥逆变两级电力电子器件变换，防护等级一般为 IP65。

体积较小，可室外臂挂式安装。在多组串逆变器中，包含了不同的单独的功率峰值跟踪和直流到直流的转换器，这些直流通过一个普通的直流到交流的逆变器转换成交流电，并网到电网上。光伏组串的不同额定值（如：不同的额定功率、每组串不同的组件数、组件的不同的生产厂家等）、不同的尺寸或不同技术的光伏组件、不同方向的组串（如：东、南和西）、不同的倾角或遮影，都可以被连在一个共同的逆变器上，同时每一组串都工作在它们各自的最大功率峰值上。同时，直流电缆的长度减少、将组串间的遮影影响和由于组串间的差异而引起的损失减到最小。

4. 组件逆变器(微型逆变器)

在传统的光伏发电系统中，每一路组串型逆变器的直流输入端，会由10块左右光伏电池板串联接入。在10块串联的电池板中，若有一块不能良好工作，则这一串都会受到影响。若逆变器多路输入使用同一个MPPT，那么各路输入也都会受到影响，大幅降低发电效率。在实际应用中，云彩、树木、烟囱、动物、灰尘、冰雪等各种遮挡因素都会引起上述情况的发生，情况非常普遍。而在微型逆变器的光伏发电系统中，每一块电池板分别接入一台微型逆变器，当电池板中有一块不能良好工作，则只有这一块都会受到影响。其他光伏板都将在最佳工作状态运行，使得系统总体效率更高，发电量更大。在实际应用中，若组串式逆变器出现故障，则会引起几千瓦的电池板不能发挥作用，而微型逆变器故障造成的影响相当小。

微型逆变器是将每个光伏组件与一个逆变器相连，同时每个组件有一个单独的最大功率峰值跟踪，这样组件与逆变器的配合更好。通常用于50 W到400 W的光伏发电站，总效率低于组串逆变器。

（1）微型逆变器的优点

① 安装简单：积木式安装方式，简化设计及现场安装步骤，单电缆接入配电柜。

② 投资节省：无直流部分设计及相关零部件，节省系统成本（零部件成本、安装人力及时间成本、简化设计）及无相关直流端线路损耗。

③ 系统安全：没有直流高压，系统安全性高，无人身及火灾隐患；对于采用集中式与组串式逆变器的光伏电站系统与电网断开后，尽管交流端输出为0 V，但直流端电压仍然保持600～1 000 V，而采用微型逆变器的光伏电站直流端电压仅30～40 V。

④ 管理智能：世界范围内，通过网络可以监控每块组件的工作情况；可以及时、直接观察到出故障的组件及微型逆变器，及时解除系统故障。

⑤ 使用环境：微型逆变器及监控设备无须专用机房，使用环境为户外(-40 ℃～+65 ℃)，节省场地成本及无须专人照看。

⑥ 发电量多：微逆系统单组件级的MPPT功能，有效解决组件间不匹配性；可以多朝向，多种型号组件可以相互连接，系统发电最大化；有效解决由于建筑结构、部分组件污渍、遮挡造成相应系统功率下降的问题；系统效率最大可达90%。

⑦ 微逆系统稳定性更好：单机设计使用寿命可长达25年，减少相关直流端接头，相应减少其带来的安装及设备失效隐患；单组件故障对于整个系统没有影响，可提高系统稳定性，100%保证工作时间。

（2）微型逆变器的缺点

① 系统单位造价明显比集中式逆变器及组串式逆变器高很多。

② 维修成本较高。

4.3.2 最大功率跟踪技术

1. 最大功率点跟踪的定义

由于太阳能硅电池的输出受温度、日照强度和负载的影响，在一定的环境温度和光照强度下，太阳能硅电池可以工作在不同的输出电压。很显然，由于硅太阳能电池的伏安特性呈现非线性的原因，只有硅太阳能电池在某一输出电压值时其输出的功率才能达到最大值。因此，在光伏发电系统中，为了让硅光伏电池能工作在最大输出功率点，该光伏发电系统就必须根据当前的光照强度和环境温度调整硅光伏电池的工作点，这个调整的过程就称为最大功率点跟踪（Maximum Power Point Tracking，MPPT）。这一过程就称为最大功率点跟踪（Maximum Power Point Tracking，MPPT）。光伏电池的伏安和功率性曲线如图 4-19 所示。

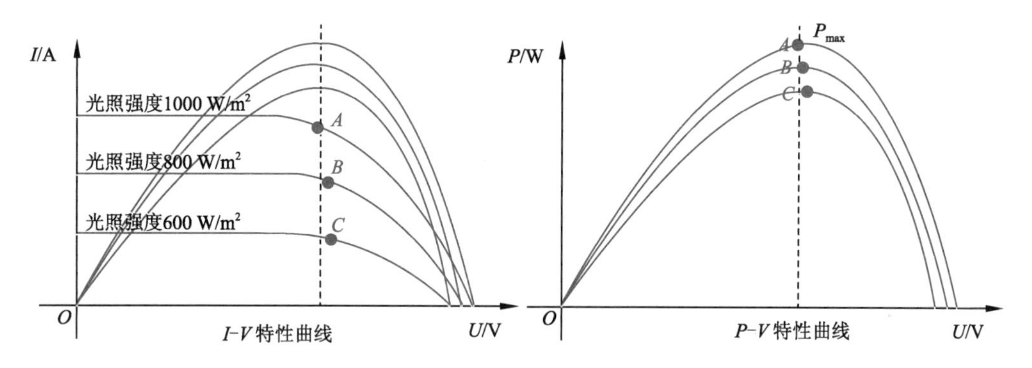

图4-19　光伏电池的伏安和功率特性曲线

从图 4-19 中可以看出，在温度恒定的情况下，当光照强度改变时，硅光伏电池的伏安特性曲线也随之改变，当光照强度由 600 W/m^2 变成 800 W/m^2 时最大功率点将由 C 点变成 B 点，这时硅光伏电池的工作点也需要改变到最大功率点上才能获取到最大输出功率。

2. 最大功率点跟踪的原理

根据最大功率传输定理，在直流电路中内阻为 R_o 的单口电源网络向可变电阻负载 R_L 传输最大功率的条件是负载电阻 R_L 与单口网络的输出电阻 R_o 相等，满足 $R_L=R_o$ 条件时称为最大功率匹配，此时负载电阻 R_L 获得最大功率。

在硅光伏电池系统中，太阳能电池的伏安特性曲线受光照强度、温度和负载的影响下呈现非线性特性，其本质是电池内阻受光照强度、温度和负载的影响下不断变化。因此，根据最大功率传输定理，最大功率点跟踪的过程实际上是让负载等效电阻（直流系统）不断跟踪太阳能电池内阻并且使它们相等的过程。

目前，硅光伏发电系统中，最大功率点跟踪的实现是在太阳能光伏电池阵列和负载之间

加入一级 DC/DC 变换器，MPPT 控制器通过改变 DC/DC 变换器的等效阻抗来实时调整硅太阳能电池工作在最大功率点，最大功率点跟踪的原理框图如图 4-20 所示。

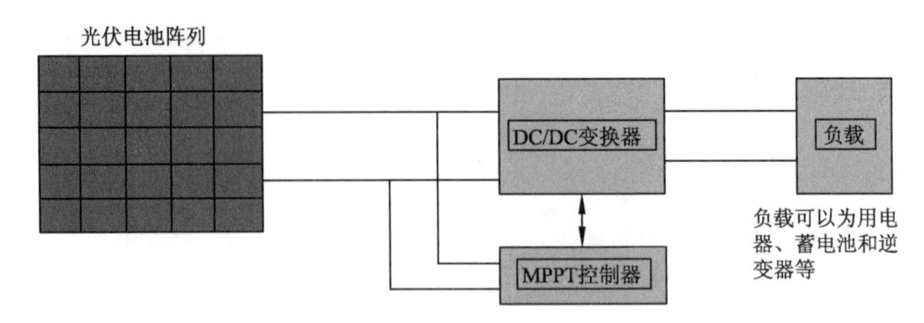

图4-20　最大功率点跟踪的原理框图

3. 最大功率点跟踪的原理和方法

MPPT 方法可根据控制算法进行分类，也可根据具体实现环节的控制参数分类。根据 MPPT 算法的特征和具体实现机理的过程，可将 MPPT 方法分为三大类：

（1）基于参数选择方式的间接控制法

这类 MPPT 方法主要包括恒定电压法、开路电压比例系数法、短路电流比例系数法、曲线拟合法、查表法等，它们主要根据预存数据库和具体光伏电池参数，通过数学函数和经验公式得到近似的 MPPT。

在这类控制方法中，需要通过实际硬件参数和经验数据确定相应的初始值，作为控制的基础。因此，从严格意义上来说，这类方法都是近似 MPPT 控制方法，没有真正实现在线实时跟踪与控制，误差相对较大。

① 恒定电压控制法的工作原理。在一定温度情况下，最大功率点近似分布在同一直线上，若采用一垂直直线代替，即为保持恒定电压不变，说明光伏电池的最大功率输出点大致对应某一恒定电压，可对其进行等效代替。通过实验测试，可以得到光伏电池在某一日照强度及温度下的最大功率点的电压值，该电压即可看作最大功率点处的工作电压 U_m。因此，恒电压控制法的控制思想就是将系统输出电压稳定控制在特定值 U_m 处。

② 恒电压控制法存在的问题。在光伏初期应用中，大多采取固定输出电压的方法。以卫星上的光伏电池板为例，因为外太空温度变化小，光照强度恒定，所以恒定电压法可以维持输出功率在最大功率点处。

但对于大多数实际应用的光伏系统，外界环境都在时刻变化，如果输出电压始终保持不变则会造成一定的功率损失。

以新疆地区某一光伏系统为例，经计算和实测，光伏电池在环境温度为 25 ℃时开路电压为 363.6 V，当环境温度在 60 ℃时下降至 299 V，下降幅度达到 17.5%。可见，对于那种一天之内温度变化幅度较大（沙漠、戈壁等）的地带，以及一年四季温度变化程度大的地区，该方法会带来较大的功率损失，降低整个系统的效率。

③ 恒电压控制法的改进和发展。针对恒电压控制法的不足，得出的各种恒电压控制法的改进方案如表 4-2 所示。

表4-2　恒电压控制法改进方案

序　号	恒电压控制法改进方案名称	控　制　特　点
1	手工调节方案	通过手动调节电位器并按照季节的不同设定不同的U_m，缺点是需要较大的人工维护量，效率较低
2	根据温度查表调节方案	事先用相同光伏电池测得不同温度下的最大功率点电压U_m，并将测得的温度－电压数据存储在控制器中。在实际运行时，控制器可以根据实测的光伏电池温度来相应地修正输出电压使其与外界温度相匹配
3	参考光伏电池法	在光伏发电系统中增加一小块与光伏电池相同特性的光伏电池模块，检测小光伏电池的开路电压，按照开路电压与最大功率点电压的系数关系计算出当前的最大功率点电压U_m，以此作为调整光伏发电系统工作电压的依据，使之在不增加成本的前提下得到较好的MPPT的控制效果

（2）基于采样数据的直接控制法

这类 MPPT 方法主要包括定步长或变步长的扰动观测法、电导增量法、实际测量法、寄生电容法等。此类方法的主要特征是根据电压、电流的检测值经 MPPT 算法直接实现控制。由于采用了电压、电流的实时采样信号，因此其精度比近似控制法高，能够根据系统运行情况进行实时 MPPT 控制，满足一般的应用场合要求，因而在实际应用中最为广泛。

扰动观测法是目前 MPPT 方法中应用较为广泛的一种方法。

扰动观测法的工作原理：首先在光伏电池工作的某一参考电压下检测出其输出功率，然后在该电压基础之上加一个正向电压扰动量，再次检测光伏电池输出功率。根据功率变化方向，改变输出电压，如果功率增加，则说明电压的改变方向正确，继续在该方向上按照此步长变化电压；如果功率减少，则说明电压的改变方向错误，在下一控制周期反向调整参考电压。直到输出功率稳定在设定的一个很小范围内，即可认为达到了最大功率点。扰动观察法的控制流程图如图 4-21 所示。

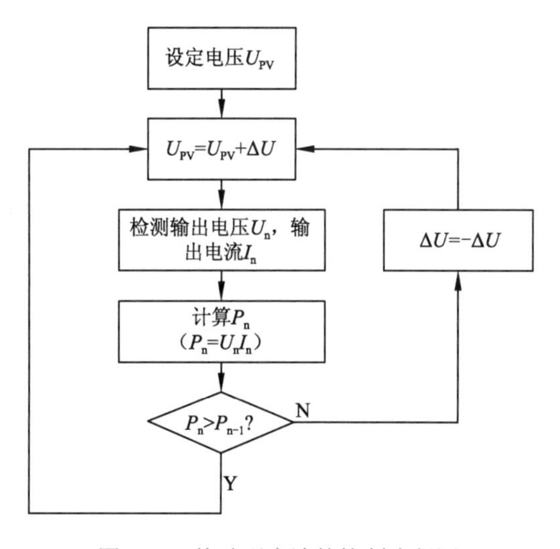

图4-21　扰动观察法的控制流程图

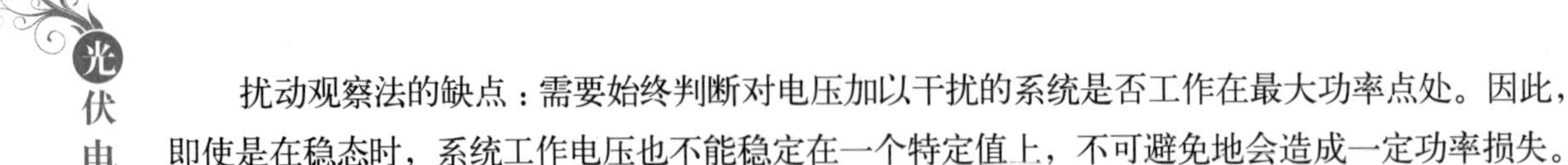

扰动观察法的缺点：需要始终判断对电压加以干扰的系统是否工作在最大功率点处。因此，即使是在稳态时，系统工作电压也不能稳定在一个特定值上，不可避免地会造成一定功率损失。

若扰动步长较大，则系统能较快搜寻到最大功率点处，动态响应较快，但会在最大功率点附近有较大波动，功率损失也较大；而若步长较小，相应的在最大功率点附近的波动较小，但系统搜寻最大功率点需要较长时间，动态响应较慢。扰动观测法的另一缺陷，即当外界环境参数变化太快时，如光照发生突变，则扰动观测法可能会发生电压崩溃，如图 4-22 所示。

当光照发生突变（如太阳光突然被云层挡住）时，光伏电池的 P–U 曲线将由Ⅰ变为Ⅱ。此时，可能会导致最大功率点跟踪方向错误，严重时导致电压、功率崩溃，系统严重振荡，所以，扰动观测法适用于外界环境较稳定的中小功率系统，并在满足一定的动态响应的基础上，尽量减小扰动步长，增大控制周期，即以牺牲部分动态响应速度来提升系统稳态精度和抗扰动能力。由于光伏系统为长期运行系统，因此系统稳态特性更为重要，扰动观测法在中小功率系统还是比较适用的。

由于传统扰动观测法具有诸多缺陷，如稳态精度不够、光照剧烈变化出现误判、步长和控制周期选取有冲突等，因此就出现了对其改进的一些控制方法。

变步长的扰动观测法为一种扰动观察法的改进方法。扰动观测法的步长选取非常重要，影响到整个系统的动态性能和稳态性能，而定步长的扰动观测法很难兼顾两者，于是在此基础之上提出了变步长的扰动观测法。

变步长的扰动观测法的控制思想是加入步长变化的环节，在工作点远离最大功率点区间时，设定扰动步长相对较大，在工作点接近最大功率点区间时，设定步长相对较小。这样既能在稳态时减小功率损失，又能在外界条件剧烈变化时提高动态响应和系统稳定性，从而达到预定控制效果。

变步长的扰动观察法的工作原理如图 4-23 所示。

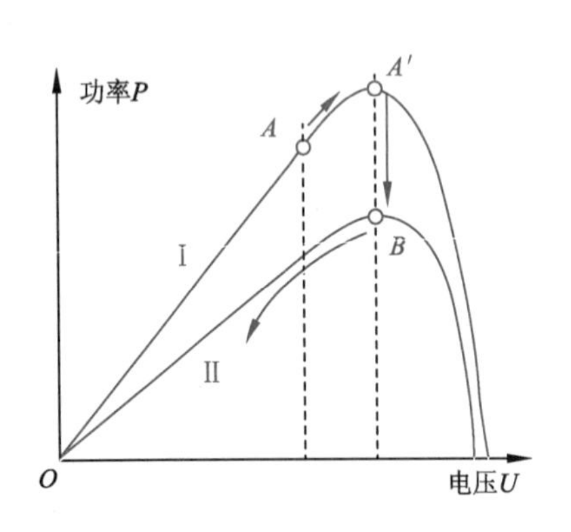

图4-22　扰动观察法在外界环境突变情况下的功率曲线图

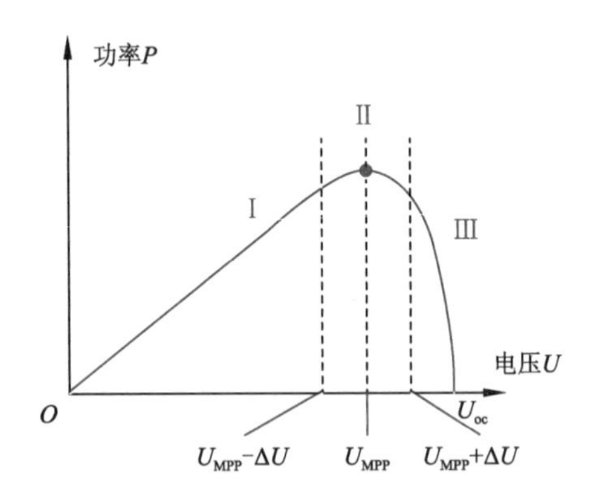

图4-23　变步长的扰动观察法的工作原理图

在图 4-23 中，P 为光伏电池板的输出功率，U 为光伏电池板的输出电压，U_{MPP} 为光伏电池板最大功率点时对应的输出电压，ΔU 为电压的变化量，也即是光伏电池板的输出电压变化的步长。从图 4-23 可以看出，光伏电池板的 P–U 曲线可以分为三段。在Ⅰ段，$U<(U_{MPP}-\Delta U)$，曲线近似为一斜率为正的直线；在Ⅱ段，$(U_{MPP}-\Delta U)<U<(U_{MPP}+\Delta U)$，曲线近似为以最大功率点为中心对称的正弦波；在Ⅲ段 $(U_{MPP}+\Delta U)<U<U_{oc}$，曲线近似为一条斜率为负的直线。

根据变步长扰动观察法的控制思想，在Ⅰ段和Ⅲ段选用大步长，而在Ⅱ段采用小步长，就可以在跟踪速度和减小稳态功率损失之间取得一个较好的折中。应用传统的扰动观察控制方法，在控制周期内会因外界条件剧烈变化，出现误判断甚至电压崩溃现象。而使用改进的扰动观察法时，步长控制器可以根据系统的采样数据，在特定情况下采用不同的控制策略。如果系统出现暂时大范围波动，可视为外界的剧烈变化，此时将锁定步长变化范围，或者保持此次周期内扰动步长为0，以有效地减小误判断。这样在外界条件变化复杂时，若光照强度剧烈变化，也能保证MPPT控制系统的稳定性，达到较为理想的控制效果。

（3）基于现代控制理论的智能控制法

这类MPPT方法主要以模糊逻辑控制法和人工神经元网络控制法为代表，主要特征是引入模糊控制和神经元网络控制等现代控制理论，可以不依赖于复杂的系统数学模型，由现代控制理论模型为依据采样数据，再通过较复杂的控制算法运算得出控制信号来实现系统控制。该类型控制算法实现过程较为复杂困难，但控制精度较高，对被控对象的数学模型准确性要求较低，适合难以建立准确数学模型的大型光伏发电系统，以及受外界条件和杂散参数影响严重的控制系统。

4.3.3 孤岛效应与防孤岛保护技术

1. 孤岛效应的定义

所谓孤岛现象是指当电网供电因故障事故或停电维修而跳脱时，各个用户端的分布式并网发电系统（如：光伏发电、风力发电、燃料电池发电等）未能即时检测出停电状态而将自身切离市电网络，而形成由分布电站并网发电系统和周围的负载组成的一个自给供电的孤岛。

2. 孤岛的危害

孤岛一旦产生将会危及电网输电线路上维修人员的安全；影响配电系统中保护开关的动作程序，冲击电网保护装置；影响传输电能质量，电力孤岛区域的供电电压与频率将不稳定；当电网供电恢复后会造成相位不同步；单相分布式发电系统会造成系统三相负载欠相供电。因此，对于一个并网系统必须能够进行反孤岛效应检测。

3. 防孤岛检测

逆变器直接并网时，除了应具有基本的保护功能外，还应具备防孤岛效应的特殊功能。从用电安全与电能质量考虑，孤岛效应是不允许出现的；孤岛发生时必须快速、准确地切除并网逆变器，由此引出了对于孤岛效应进行检测的控制。基于逆变器的防孤岛效应保护技术分为主动式防孤岛保护技术和被动式防孤岛保护技术。被动式技术通过检测逆变器交流输出端电压或频率的异常来检测孤岛效应。由于被动式技术的检测范围有限，因此为了满足并网逆变器防孤岛保护安全标准的要求，应至少设置一种主动和被动防孤岛效应保护。主动式技术通过有意地引入扰动信号来监控系统中电压、频率以及阻抗的相应变化，以此来确定电网供电是否正常。

防孤岛效应保护技术的选取应考虑以下规则：

① 要兼顾考虑检测性能、输出电能质量以及对整个系统暂态响应的影响。

② 如果一个简单且成本低的防孤岛效应保护方案将孤岛效应带来的危害降低到其他的电力危害以下，那么该方案即为适当的。若逆变器并入的电网供电中断，逆变器应在规定的时间内停止向电网供电，同时发出警示信号。

4.3.4 低电压穿越技术

1. 低电压穿越技术的定义

光伏电站低电压穿越技术（Low Voltage Ride Through，LVRT）是指当电网故障或扰动引起的光伏电站并网点电压波动时，在一定的范围内，光伏电站能够不间断地并网运行。

2. 光伏并网低电压穿越的要求及原理

2011 年，国家网公司颁布了两条新准则：《光伏电站接入电网技术规定》（以下简称《规定》）和《光伏电站接入电网测试规程》，要求大型光伏电站必须具备一定的 LVRT 能力。北京鉴衡认证中心作为一家国内光伏权威认证机构，在其技术规范文件中也指出，用于国内大型光伏电站的并网逆变器必须具备能承受一定异常电压的能力，从而防止在电网电压异常的情况下脱离电网，导致电力系统运行不稳定。

《规定》中的 LVRT 曲线如图 4-24 所示，要求若并网点电压（三相、两相跌落故障为线电压，单相跌落故障为相电压）全部在电压轮廓线及以上区域，则光伏电站应保持并网状态；若并网点电压全部在电压轮廓线以下区域，则光伏电站可脱离电网终止向电网送电。图 4-24 中，U_{L0} 和 U_{L1}，分别表示 LVRT 的电压值上限与下限值，在此范围属于 LVRT 工作区；时间 T_1 表示电网电压跌落到下限值时要求继续保持并网时刻，时间 T_2 表示电压恢复到上限值时要求继续提供无功支撑并保持并网的时刻。参数 U_{L0}、U_{L1}、T_1、T_2 的设置需要结合光伏电站继电保护设备的保护和重合闸实际动作时间来确定，可根据电站具体情况在现场通过人机界而进行修改。标准中推荐的 U_{L0} 取值为额定电压的 90%，U_{L1} 取值为额定电压的 20%，时间 T_1 设置为 1 s，时间 T_2 设置为 3 s。

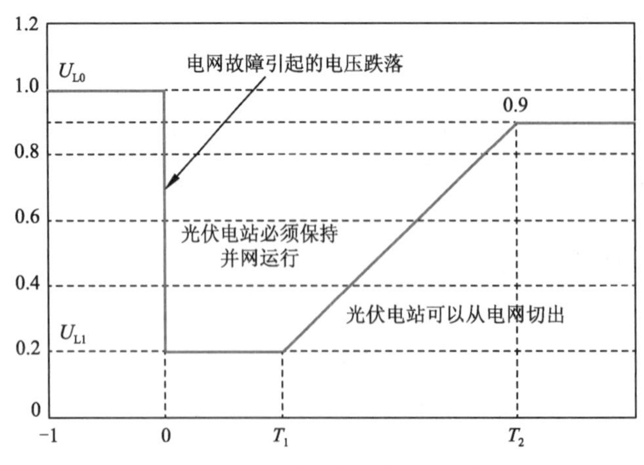

图4-24 大中型光伏电站LVRT曲线

3. 光伏电站低电压穿越测试相关标准

① NB/T 32005—2013《光伏发电站低电压穿越检测技术规程》。

② Q/GDW 617—2011《光伏电站接入电网技术规定》。

③ Q/GDW 618—2011《光伏电站接入电网测试规程》。

4. 低电压穿越能力测试方法步骤。

① 低电压穿越能力测试。通过低电压穿越能力测试装置和数字示波器或其他记录装置实现。

② 低电压穿越能力测试装置。具备模拟电压跌落曲线的能力，跌落深度、持续时间和恢复时间可设定。该装置具备模拟三相电压对称和不对称故障的能力，对电压跌落曲线的拟合误差不大于 10%。低电压穿越能力测试装置对电网的安全性不应造成影响。

③ 测试时对公共连接点造成的电压跌落不超过额定电压等级的 5%。

④ 低电压穿越能力测试示意图如图 4-25 所示。

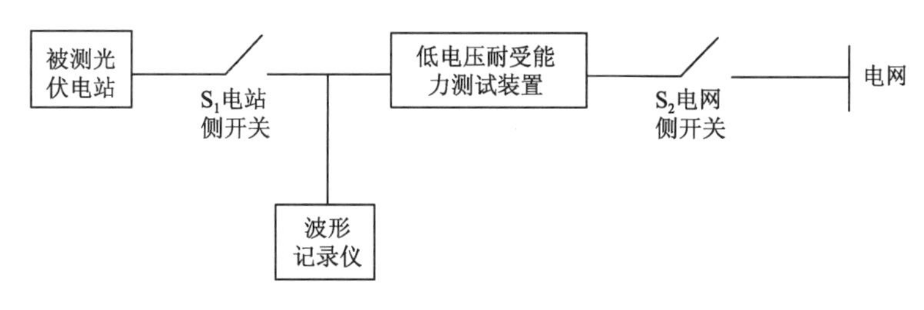

图4-25　低电压穿越能力测试示意图

测试步骤如下：

① 低电压穿越能力测试应选择辐照度达到标准辐照度 70%及以上的良好时段进行。

② 低电压穿越能力测试点应设置在光伏电站或单元发电模块的并网点处。

③ 低电压穿越能力测试前应先进行被测光伏电站额定功率 10%～30%的部分加载测试，确认测试对公共连接点造成的电压跌落符合要求后再进行额定功率大于 80%的加载测试。

④ 通过低电压穿越能力测试装置模拟不同故障类型，并分别设置光伏电站并网点处电压幅值为额定电压的 20%、40%、60%、80%、90%，并任意设置 3 个光伏电站并网点处电压，电压跌落的持续时间分别为 1 s、1.57 s、2.14 s、2.71 s、3 s 和参照 Q/GDW617—2011 中大中型光伏电站低电压穿越能力要求曲线对应的时间，记录低电压穿越能力测试装置输出曲线。

⑤ 通过数字示波器记录被测光伏电站运行工况。

⑥ 读取数字示波器数据进行分析，输出报表和测量曲线，并判别是否满足 Q/GDW617—2011 要求。

4.4　分布式光伏电站的并网方式

1. 并网接入方式

并网光伏电站接入电网的方式依据其容量不同而不同，对于安装容量小于或等于200 kWp

的小型并网光伏电站，是通过电压等级为0.4 kV的低压配电网接入电网的；对于安装量大于200 kWp和小于或等于30 MWp的中型并网光伏电站，是通过电压等级为10 kV或35 kV的配电网接入电网的；对于安装容量大于30 MWp的大型光伏电站，是通过电压等级为110 kV或220 kV及以上的配电网或输电网接入电网的。具体的光伏电站的装机容量与电压接入等级的关系如表4-3所示。

表4-3　光伏电站的装机容量与电压接入等级的关系表

总装机容量G	电 压 等 级	总装机容量G	电 压 等 级
G≤200 kWp	400 V	10 MWp＜G≤30 MWp	35 kV
200 kWp＜G≤3 MWp	10 kV	G＞30 MWp	110 kV或220 kV
3 MWp＜G≤10 MWp	10 kV或35 kV		

2. 并网接入主要设备配置

并网光伏电站的主要接入设备依并网电压等级的不同而有所差异，具体的设备配置如表 4-4 所示。

表4-4　并网主要设备配置表

序　号	并网接入电压等级	并网接入主要设备
1	0.4 kV	低压配电柜
2	10 kV	低压开关柜：提供并网接口，具有分断功能
		双绕组升压变压器：0.4/10 kV 双分裂升压变压器：0.27/0.27/10 kV
		高压开关柜：计量、开关、保护及监控
3	35 kV	低压开关柜：提供并网接口，具有分断功能
		双绕组升压变压器：0.4/10 kV、10/35 kV（二次升压），0.4 kV/35 kV（一次升压） 双分裂升压变压器：0.27/0.27/10 kV、10 kV/35 kV
		高压开关柜：计量、开关、保护及监控

4.5　分布式并网发电的发展现状和发展趋势

1. 分布式并网发电的发展现状

近年来，我国光伏发电产业在《可再生能源法》及配套政策的支持下快速成长。目前，我国已建立了较好的太阳能电池制造产业基础，太阳能电池产能、产量已居全球首位，太阳能电池成本也已形成了国际竞争优势。在太阳能电池制造产业规模化发展的同时，太阳能电池成本也实现了快速下降，使得我国具备了大规模建设光伏电站的条件。

2012年是我国光伏产业极为艰难的一年，从内部看，产业面临供需阶段性失衡，价格下滑压力较大；从外部看，国外贸易壁垒围堵，出口不确定性增高，企业承受极大经营压力，部分企业破产倒闭。为挽救我国光伏产业，国家2013年连续出台政策支持分布式光伏发电发展。另外，从光伏应用市场情况看，现阶段国内新增光伏装机容量和累计装机容量主要集中在大型地面电站，而分布式电站占比较小，这与国外发达国家形成明显的反差。但随着我国西北部地区地面电站的逐渐饱和，以及光伏平价上网的条件达成，未来国内分布式光伏将迎来发展高潮阶段，配合储能技术的成熟，东部及南部地区将兴起建分布式电站的热潮。

2. 分布式并网发电的发展趋势

光伏分布式并网发电是一种新型的、具有广阔发展前景的发电和能源综合利用方式，它倡导就近发电、就近并网、就近转换、就近使用的原则，不仅能够有效提高同等规模光伏电站的发电量，同时还有效解决了电力在升压及长途运输中的损耗问题。

2013 年，国家能源局调整了光伏发展战略，着力发展分布式光伏，提出到 2015 年底累计光伏装机量达到 35 GW。截至 2015 年底，我国光伏发电累计装机容量 43.18 GW，分布式光伏装机量占比达 48.75%，到 2020 年预计超过大型地面电站，占比达到 56%。国家能源局于 2015 年 12 月 15 日向各省（自治区、直辖市）发改委、能源局等有关部门下发《太阳能利用十三五发展规划征求意见稿》，规划到 2020 年底，光伏发电总装机容量达到 1.5 亿 kW，其中分布式光伏发电规模显著扩大，累计装机达到 7 000 万 kW，接近光伏总装机的一半。综上所述，我国在分布式光伏发电方面具有非常广阔的前景，并且基于政策的推动，将会出现一轮分布式光伏发电的安装热潮。

习　　题

1. 分布式并网光伏电站分为哪几种？每种类型的分布式并网光伏电站在组成结构上有什么不同点？

2. 大型地面并网光伏电站与分布式并网光伏电站有什么不同点？

3. 集中式逆变器、组串式逆变器、多组串式逆变器与微逆变器之间有什么不同点？各自的优、缺点有哪些？

4. 什么是最大功率跟踪技术？最大功率跟踪原理是什么？最大功率跟踪的方法有哪些？

5. 光伏并网光伏电站中的低电压穿越技术要满足什么样的要求？

6. 分布式并网光伏电站的并网接入方式有哪些？针对不同类型的并网接入方式所采用的并网接入设备有什么不同？

第5章 分布式并网光伏电站的运行与维护

学习目标

- 掌握分布式并网光伏电站主要设备的组成结构和特点。
- 掌握分布式并网光伏电站运行与维护的一般要求。
- 掌握分布式并网光伏电站运行与维护的时间周期的要求。
- 掌握光伏电站中影响发电量的因素。
- 掌握分布式光伏电站运行与维护过程中的常见问题、典型故障及分析方法。

本章简介

本章首先介绍了分布式并网光伏电站主要设备的组成结构和特点，接着介绍了影响光伏电站发电量的因素，并针对这些因素讲述了分布式并网光伏电站运行与维护中的一般要求和周期要求，最后针对分布式并网光伏电站运行与维护过程中的常见问题和常见故障进行了总结和分析。

5.1 分布式并网光伏电站的主要设备

分布式并网光伏电站的主要设备包括光伏组件、直流防雷汇流箱、逆变器、升压变压器、用户配电箱或并网开关柜等，由第4章所讲述的分布式并网光伏电站的分类及基本组成结构可知，对于装机容量小于200 kWp的分布式并网光伏电站，不需要使用升压变压器，经逆变器逆变后直接进行用户配电箱接入电网，而装机容量大于200 kWp小于30 MWp的分布式并网光伏电站，则需要使用升压变压器，将逆变后的电压升为10 kV或35 kV中压后，通过交流配电柜及并网开关柜接入电网。对于上面所述的分布式并网光伏电站中所使用的一些主要设备，其工作原理、结构特点及使用方法和大型地面光伏并网电站中的主要设备基本相同，这里不再重复叙述，唯一不同的是，对于装机容量小于200 kWp的分布式并网光伏电站，没有使用并网开关柜，只需要一个用户配电箱就够了，所以，下面简单介绍一下分布式并网光伏电站中用户配电箱的一些组成结构和特点。

1. 用户配电箱的定义

在小型的分布式并网光伏电站中，用户配电箱又称光伏并网柜，作为光伏电站的总出口它是连接光伏电站和电网的配电装置，其对应的外观图如图 5-1 所示。

图5-1　用户配电箱的外观图

用户配电箱在组成上主要包括刀开关、双极断路器、防雷器、自动重合闸开关及用于电量计量的智能电表，其对应的组成结构和电气连接图如图 5-2 所示。

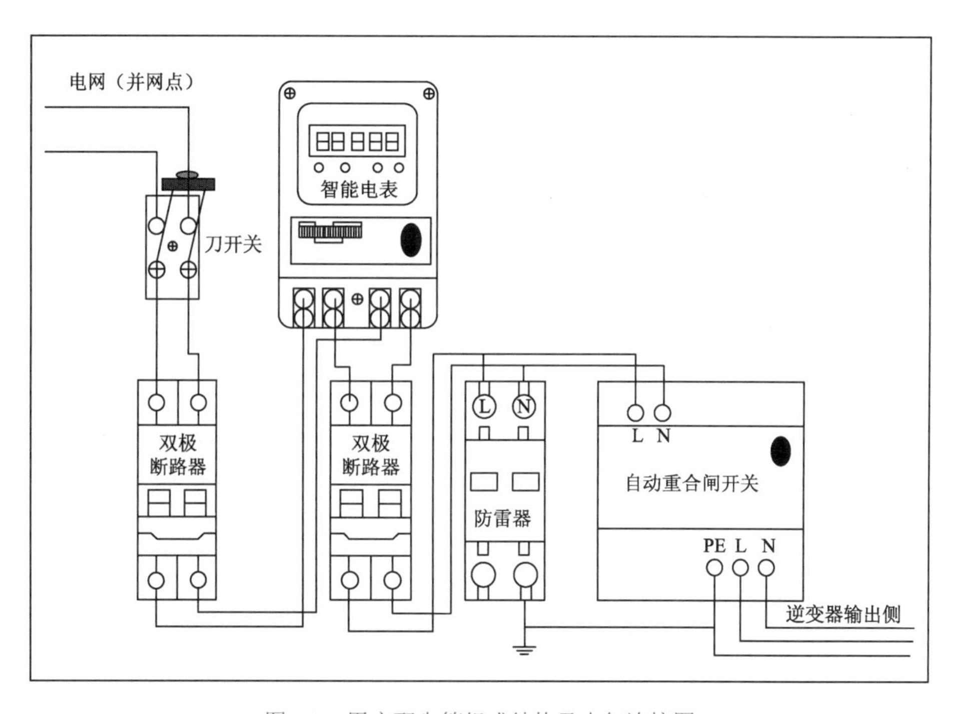

图5-2　用户配电箱组成结构及电气连接图

2. 用户配电箱的特点

① 采用壁挂式结构、体积小巧、安装方便，室内户外均可安装。

② 具有明显的断开指示及断开故障电流的能力，具备失电压跳闸、欠电压闭锁及检测有电压合闸功能。

③ 预留安装计量表位置，支持具备 RS-485 抄表方式的计量表（计量表由电力计量部门提供）。

5.2 分布式并网光伏电站的运行与维护管理

由于相对比较大的分布式并网光伏电站的运行与维护与大型地面并网光伏电站基本上是一致的，所以本部分内容主要讲述户用及中小型分布式并网光伏电站的运行与维护管理。

5.2.1 分布式并网光伏电站运行与维护的基本要求

1. 分布式并网光伏电站运行与维护人员要求

分布式并网光伏电站运行与维护人员应具备相应的电气专业技能或经过专业的电气专业技能培训，熟悉光伏发电原理及主要系统构成。

2. 户用及中小型分布式并网光伏电站的系统构成

户用及中小型分布式并网光伏电站的系统构成如图 5-3 所示。

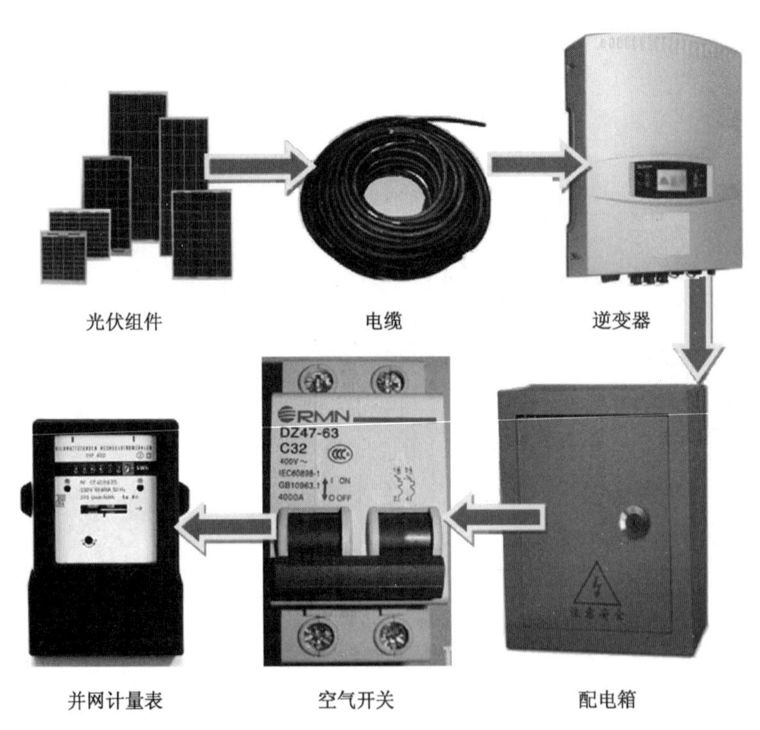

图5-3 户用及中小型分布式并网光伏电站的系统构成

户用及中小型分布式并网光伏电站由光伏组件、逆变器、电缆、配电箱（配电箱中含空气开关、计量表）组成。太阳光照射到光伏组件上，产生的直流电通过电缆接入逆变器中，经逆变器将直流电转化为交流电接入配电箱，在配电箱中经过断路器、空气开关、并网计量表进入电网，完成光伏并网发电。

3. 一般要求

① 户用及中小型分布式并网光伏电站的运行与维护应保证电站本身安全，以及电站不会对人员或建筑物造成危害，并使电站维持最大的发电能力。

② 户用及中小型分布式并网光伏电站的主要部件在运行时，温度、声音、气味等不应出现异常情况。

③ 户用及中小型分布式并网光伏电站运行与维护人员在故障处理之前要做好安全措施，确认断开逆变器开关和并网开关，同时需穿戴绝缘保护装备。

④ 户用及中小型分布式并网光伏电站的运行与维护要做好记录，对于所有记录必须妥善保管，并对出现的故障进行分析。

4. 光伏组件的维护

户用及中小型分布式并网光伏电站中的光伏组件如图 5-4 所示。

图5-4　光伏组件

① 光伏组件表面应保持清洁，清洗光伏组件时应注意：

- 应使用柔软洁净的布料擦拭光伏组件，严禁使用腐蚀性溶剂或硬物擦拭光伏组件。
- 不宜使用与组件温差较大的液体清洗组件。
- 严禁在大风、大雨或大雪的气象条件下清洗光伏组件。

② 光伏组件应定期检查，若发现下列问题应立即联系调整或更换光伏组件：

- 光伏组件存在玻璃破碎。
- 光伏组件接线盒变形、扭曲、开裂或烧毁，接线端子无法良好连接。

③ 检查外露的导线有无绝缘老化、机械性损坏。

④ 检查有无光伏组件被遮挡。

⑤ 光伏组件和支架应结合良好，压块应压接牢固。

⑥ 发现严重故障，应立即切断电源，及时处理，需要时及时联系厂家。

5. 配电箱的维护

户用及中小型分布式并网光伏电站中的配电箱如图 5-5 所示。

配电箱中一般配置有并网计量表、空气开关，如图 5-6 所示。

图5-5　配电箱

（a）并网计量表

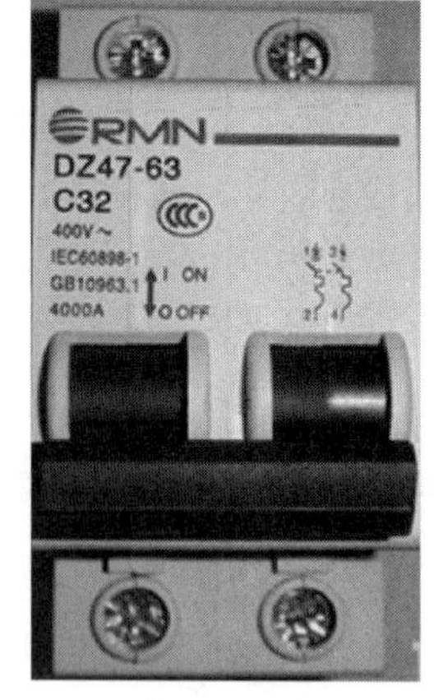

（b）空气开关

图5-6　配电箱内主要部件示意图

① 配电箱不得存在变形、锈蚀、漏水、积灰现象，箱体外表面的安全警示标识应完整无损，箱体上的锁启、闭应灵活。

② 配电箱内断路器、空气开关状态正常，各个接线端子不应出现松动、锈蚀、变色现象。设备运行无异常响声，运行环境无异味。

③ 查看计量表显示正常，如有异常，可拨打 95598 国家电网 24 h 供电服务热线咨询。

6. 逆变器的维护

户用及中小型分布式并网光伏电站中的逆变器如图 5-7 所示。

① 逆变器不应存在锈蚀、积灰等现象，散热环境应良好，逆变器运行时不应有较大振动和异常噪声。

② 逆变器上的警示标识应完整无破损。

③ 逆变器液晶显示屏如图 5-8 所示，给出了 5 个菜单项及数据显示。

图5-7　逆变器示意图

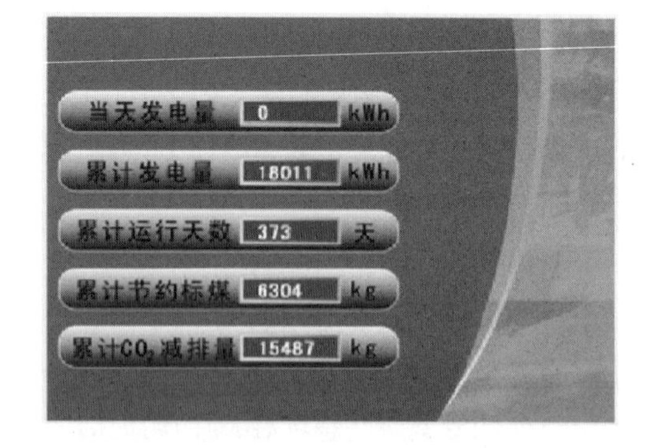

图5-8　逆变器液晶屏

④ 逆变器风扇自行启动和停止的功能应正常，风扇运行时不应有较大振动及异常噪声，如有异常情况应断电检查。

⑤ 查看机器温度、声音和气味等是否异常。当环境温度超过 40 ℃时，应采取避免太阳直射等措施，防止设备发生超温故障，延长设备使用寿命。

⑥ 逆变器保护动作而停止工作时，应查明原因，修复后再开机。

⑦ 定期检查逆变器各部分的接线有无松动现象，发现异常立即修复。

7. 支架的维护

户用及中小型分布式并网光伏电站中的光伏组件支架如图 5-9 所示。

图5-9　光伏组件支架

① 所有螺栓、支架连接应牢固可靠。

② 支架表面的防腐涂层，不应出现开裂和脱落现象，否则应及时补刷。

③ 支架要保持接地良好，每年雷雨季节到来之前应对接地系统进行检查。主要检查连接处是否坚固、接触是否良好。

④ 在台风、暴雨等恶劣的自然天气过后应检查光伏阵列整体是否有变形、错位、松动情况。

⑤ 用于固定光伏支架的植筋或膨胀螺栓不应松动。采取预制基座安装的光伏支架，预制基座应放置平稳、整齐，位置不得移动。

⑥ 支架下端如在屋面固定，应定期查看屋面防水是否完整可靠。

8. 电缆及接头的维护

户用及中小型分布式并网光伏电站中的电缆及接头如图 5-10 所示。

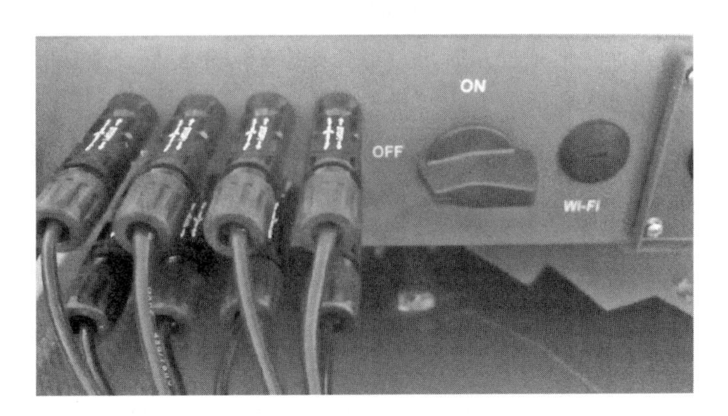

图5-10　电缆及接头

① 电缆不应在过负荷的状态下运行，如电缆外皮损坏，应及时进行处理。

② 电缆在进出设备处的部位应封堵完好，不应存在直径大于 10 mm 的孔洞，否则用防火泥封堵。

③ 电缆在连接线路中不应受力过紧，电缆要可靠绑扎，不应悬垂在空中。

④ 电缆保护管内壁应光滑；金属电缆管不应有严重锈蚀；不应有毛刺、硬物、垃圾，如有毛刺，锉光后用电缆外套包裹并扎紧。

⑤ 电缆接头应压接牢固，确保接触良好。

⑥ 出现接头故障应及时停运逆变器，同时断开与此逆变器相连的其他组件接头，才能重新进行接头压接。

⑦ 电缆的检查建议每月一次。

9. 接地与防雷系统

户用及中小型分布式并网光伏电站中的防雷与接地系统如图 5-11 和图 5-12 所示。

图5-11　防雷示意图

图5-12　接地示意图

① 接地系统与建筑结构钢筋的连接应可靠。

② 光伏组件、支架与屋面接地网的连接应可靠。

③ 光伏方阵接地应连续、可靠，接地电阻应小于 4 Ω。

④ 雷雨季节到来之前应对接地系统进行检查和维护。主要检查连接处是否坚固、接触是否良好。

⑤ 雷雨季节前应对防雷模块进行检测，发现防雷模块显示窗口出现红色应及时更换处理。

10. 数据监控系统

因户用并网光伏电站用户数众多、地域分散，为了提高运维的及时性，保证用户收益，同时降低运维成本，需配置监控系统。监控系统需配合带数据传输功能的逆变器使用。

（1）登录方式

① 通过监控计算机点击监控系统软件进入软件界面进行用户注册，如图 5-13 所示。

图5-13　监控系统登录界面

② 根据用户名进入后，可看到如图 5-14 所示的光伏电站发电基本状况的监控主界面。

电站列表
› 所有电站
happy
维宅
邮电东村6-601
九溪江南江柳...
方先生

电站数据
电站概览
电站地图
日志
电站比较

报表

配置

添加 | 导出CSV文件

名称	国家	城市	设计功率(kW)	今日发电(kWh)	累计发电量(kWh)	当前功率(kW)
happy	中国	合肥	3	0.50	3,611.00	0.64
维宅	中国	合肥	4	0.60	3,486.00	0.71
邮电东村6-601	中国	合肥	5	1.00	4,265.00	1.33
九溪江南江柳苑11-101	中国	合肥	5	0.70	3,064.00	0.70
方先生	中国	合肥	15	2.20	3,944.00	2.80

1/1

图5-14　监控主界面

③ 选择单一用户，可看到如图 5-15 所示的单一用户发电主界面及发电曲线。

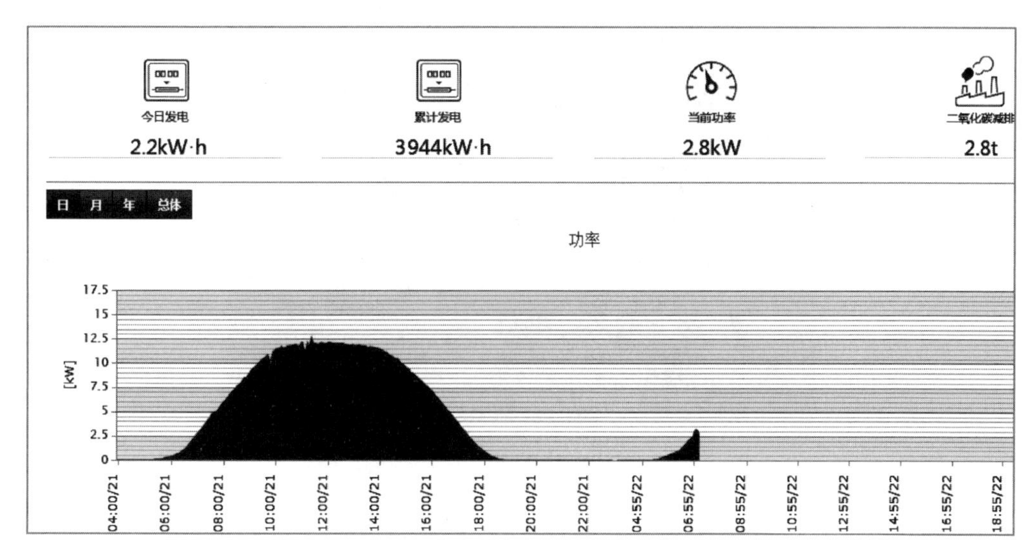

图5-15　单一用户发电主界面及发电曲线

④ 进入实时数据界面（见图 5-16）可看到电站运行状态、运行总时间、额定功率、机内温度、日发电量、总发电量、实时功率、直流电压、直流电流、电网电压、电网电流、电网频率等相关信息，根据上述信息基本可以判断出故障原因。

电站本地时间: 2015-05-22 09:19:53　songs，欢迎您

九溪江南江柳苑11-101

实时数据　图表　告警　设备历史数据

A1406160247(1)

SG5KTL-M#1

类型:逆变器 型号:SG5KTL-M 地址:1　最后更新: 2015-05-22 07:18:22

项目	数值	项目	数值
额定输出功率	5kW	总运行时间	2258h
机内空气温度	35.2℃	设备状态	运行
日发电量	0.7kWh	总发电量	3064kWh
直流功率	0.72kW	有功功率	0.7kW
电网频率	50Hz		
直流电压1	284.4V	直流电流1	1.2A
直流电压2	316.8V	直流电流2	1.2A
电网电压	225V	电网电流	3.1A

图5-16　单一用户实时监控数据及运行状态

（2）监控系统维护

① 监控系统的维护由软件服务商统一进行，无须日常维护，只需保证计算机网络畅通即可。

② 使用网线连接采集数据的，要保持网线连接牢固。

③ 使用 GPRS 进行数据传输的，注意查看 GPRS 装置连接是否牢固，信号是否正常。

11. 户用及中小型并网光伏电站与建筑物结合部分

户用及中小型并网光伏电站与建筑物结合部分示意图如图 5-17 所示。

图5-17　光伏电站与建筑物结合部分示意图

① 光伏电站应与建筑物主体结构连接牢固，在台风、暴雨等恶劣的自然天气过后应检查光伏支架，整体不应有变形、错位、松动。

② 用于固定光伏支架的植筋或膨胀螺栓不应松动；采取预制基座安装的光伏阵列，预制

基座应放置平稳、整齐，位置不得移动。

③ 光伏支架的主要受力构件、连接构件和连接螺栓不应损坏、松动，焊缝不应开焊，金属材料的防锈涂膜应完整，不应有剥落、锈蚀现象。

④ 光伏系统区域内严禁增设相关设施，以免影响光伏系统安全运行。

5.2.2 分布式并网光伏电站的定期检验

各个县乡镇应根据本地光伏电站安装情况，自行决定辖区内光伏电站定期检验的周期。定期检验应给出定期检验报告，主要包括：光伏电站信息、电路检查和测试清单、检查报告、电路的测试结果、检查人员姓名及日期、出现的问题及整改建议等。定期检验应复查之前定期检验发生的问题及建议。

（1）光伏电站检查

根据光伏组件、汇流箱、逆变器、配电箱等电器设备的检查方法对光伏电站进行逐一检查。

（2）保护装置和等电位体测试

在直流侧装有保护性接地或等电位导体的地方，比如阵列的支架，需要进行接地连续性测试，主要接地端子也需进行接地测试。

（3）光伏阵列绝缘阻值测试

① 光伏阵列应按照如下要求进行测试：测试时限制非授权人员进入工作区；不得用手直接触摸电气设备以防止触电；绝缘测试装置应具有自动放电的能力；在测试期间应当穿好适当的个人防护装备。

② 先测试阵列负极对地的绝缘电阻，然后测试阵列正极对地的绝缘电阻。

（4）光伏方阵标称功率测试

现场功率的测定可以采用由第三方检测单位校准过的IV测试仪抽检阵列的IV特征曲线，测试结束后进行光强度校正、温度校正、组合损失校正。

（5）电能质量的测试

首先将光伏电站与电网断开，测试电网的电能质量；将逆变器并网，待稳定后测试并网点的电能质量。

（6）光伏电站电气效率测试

① 光伏电站电气效率应按照如下要求进行测试：测试时限制非授权人员进入工作区；不得用手直接触摸电气设备以防止触电；光伏电站电气效率测试应在日照强度大于800 W/m^{2}的条件下进行；在测试期间应当穿好适当的个人防护设备。

② 光伏电站电气效率应按照如下步骤进行测试：首先用标准的日射计测量当前的日照强度；在测试日照强度的同时，测量并网逆变器交流并网点侧的交流功率；根据光伏阵列功率、日照强度及温度功率系数，根据计算公式，可以计算当时的光伏阵列的产生功率；根据公式计算出系统的电气效率。

（7）光伏阵列红外成像检查

① 光伏阵列红外成像检查的目的是为了实时验证正常工作情况下光伏组件的非正常温

度，这种非正常的温度可能是由于光伏组件本身的缺陷造成的，比如旁路二极管缺陷、焊接缺陷等造成光伏组件某一部位出现高温点。

② 在进行红外成像检查时，光伏阵列应处于正常工作状态，即逆变器处于最大功率点跟踪。检测时太阳辐照度应该大于 800 W/m²，并且天气比较稳定。

③ 使用红外成像仪扫描光伏阵列，着重扫描接线盒、电气连接点处或者任何和周边相比温度较高的部位。

④ 分析检测结果并给出建议。

5.3 分布式并网光伏电站的常见故障及原因分析

5.3.1 影响分布式并网光伏电站发电量的因素

光伏电站理论年发电量 = 年平均太阳辐射总量 × 光伏电池板总面积 × 光电转换效率。但由于各种因素的影响，光伏电站发电量实际上并没有那么多，实际年发电量 = 理论年发电量 × 实际发电效率，影响光伏电站发电量的因素主要表现在以下几方面：

1. 太阳辐射量

太阳能电池组件将太阳能转化为电能，光照辐射强度直接影响其发电量，各地区的太阳能辐射量数据可以通过 NASA 气象资料查询网站获取，也可以借助光伏设计软件（例如 PV-SYST、RETScreen 等软件）来获得。

2. 太阳能电池组件的倾斜角度

从气象站得到的资料，一般为水平面上的太阳辐射量，换算成光伏阵列倾斜面的辐射量，才能进行光伏电站发电量的计算，最佳倾角与项目所在地的纬度有关，大致经验值如下：

① 纬度 0° ～ 25°，倾斜角等于纬度。

② 纬度 26° ～ 40°，倾角等于纬度加 5° ～ 10°。

③ 纬度 41° ～ 55°，倾角等于纬度加 10° ～ 15°。

3. 光伏电池组件转化效率

照射到光伏电池表面的太阳光并不能全部转化为电能，将太阳光转化为电能的量与其转化率有关，在相同的测量条件下，一般光伏电池组件的转化率越高，其转化而成的电能就越多。

4. 光伏电站系统损失

和所有产品一样，光伏电站在长达 25 年的生命周期中，组件效率、电气元件性能会逐步降低，发电量随之逐年递减。除去这些自然老化的因素之外，还有组件、逆变器的质量问题，线路布局、灰尘、串并联损失、线缆损失等多种因素。一般光伏电站的发电量三年递减约 5%，20 年后发电量递减到 80%。

5. 光伏组件的组合损失

凡是串联就会由于组件的电流差异造成电流损失，并联就会由于组件的电压差异造成电压损失，而组合损失可达到 8% 以上，因此为了降低组合损失，应该在电站安装前严格挑选电流一致的组件串联，组件的衰减特性尽可能一致。

6. 其他方面的损失

除了上面所提到的因素会影响光伏电站的发电量外，还有像灰尘、阴影、积雪遮挡、元器件的损坏及老化等也会影响到光伏电站的发电量。具体表现为：

（1）灰尘遮挡

在所有影响光伏电站整体发电能力的各种因素中，灰尘是第一大杀手。灰尘对光伏电站的影响主要有：通过遮蔽到达组件的光线，从而影响发电量；影响散热，进而影响转换效率；具备酸碱性的灰尘长时间沉积在组件表面，侵蚀板面造成板面粗糙不平，导致灰尘的进一步积聚，同时增加了阳光的漫反射。

（2）阴影、积雪遮挡

在分布式并网光伏电站中，周围如有高大建筑物，会对组件造成阴影，设计时应尽量避开。根据电路原理，组件串联时，电流是由最少的一块来决定的，因此如果有一块有阴影，就会影响这一路光伏组件的发电量；遮挡和积雪对系统发电量影响很大，当组件上有积雪时，必须尽快扫除。

（3）光伏组件温度过高导致的损失

温度每上升 1 ℃，晶体硅太阳电池的最大输出功率下降 0.04%，开路电压下降 0.04%，因此为了减少温度对发电量的影响，应该保持组件良好的通风。

（4）线路损耗

导线本身是有电阻的，当有电流通过时会消耗电能，因此，设计时应采用导电性能好的导线，导线需要有足够的直径，系统维护中也要特别注意接插件以及接线端子是否牢固，以尽可能地减少接触电阻。

（5）逆变器的损耗

逆变器由于有电感、IGBT、MOSFET 等功率器件，在运行时，会产生损耗，一般组串式逆变器效率为 97% ～ 98%，集中式逆变器效率为 98%。

（6）设备或元器件老化或损坏导致的损失

当光伏电站中的设备或元器件老化或损坏时，光伏电站的相应功能就会丧失，电站的发电量就会大大减少甚至无法工作，因此加强光伏电站日常维护、巡检和消缺工作，尽可能减少设备或元器件的故障率，对于已损坏或老化的设备或元器件应及早更换，以尽量减少设备或元器件的故障时间，达到尽可能地提高电站发电量的目的。

5.3.2 分布式并网光伏电站的常见故障及分析

1. 逆变器屏幕没有显示

故障分析：没有直流输入，逆变器 LCD 是由直流供电的。

可能原因：

① 组件电压不够。逆变器工作电压为 100 ～ 500 V，低于 100 V 时，逆变器不工作。组件电压和太阳能辐照度有关。

② PV 输入端子接反，PV 端子有正负两极，要互相对应，不能和其他组串接反。

③ 直流开关没有合上。

④ 组件串联时，某一个接头没有接好。

⑤ 有一组件短路，造成其他组串也不能工作。

解决办法：用万用表电压挡测量逆变器直流输入电压。电压正常时，总电压是各组件电压之和。如果没有电压，依次检测直流开关、接线端子、电缆接头、组件等是否正常。如果有多路组件，要分开单独接入测试。

如果逆变器输入端的直流开关、接线端子、电缆接头、组件等均正常，则是逆变器硬件电路发生故障，可联系逆变器厂家进行维护或更换新的逆变器。

2. 逆变器不并网，逆变器上的LCD显示“No Grid”或者“No Utility”

故障分析：逆变器和电网没有连接。

可能原因：

① 交流开关没有合上。

② 逆变器交流输出端子没有接上。

③ 接线时，把逆变器输出接线端子排松动了。

解决办法：用万用表交流电压挡测量逆变器交流输出电压，对于低压并网的分布式光伏电站来说，在正常情况下，输出端子应该有 220 V 或者 380 V 电压，如果没有电压，依次检测接线端子是否有松动，交流开关是否闭合，漏电保护开关是否断开。

3. PV过电压，逆变器显示“Vin Overvoltage”或者“PV Over Voltage”

故障分析：直流电压过高报警。

可能原因：组件串联数量过多，造成电压超过逆变器的电压。

解决办法：合理设计和安装光伏阵列中光伏组件的数量，使串联后的光伏阵列的输出电压范围在逆变器所允许的输入电压范围内。根据光伏组件的温度特性，温度越低，电压越高。单相组串式逆变器输入电压范围是 100 ～ 500 V，组串接入后电压为 350 ～ 400 V，三相组串式逆变器输入电压范围是 250 ～ 800 V，组串接入后电压为 600 ～ 650 V。在这个电压区间，逆变器效率较高，早晚辐照度低时也可发电，而且不会因电压超出逆变器电压上限，引起报警而停机。

4. 隔离故障,逆变器显示“Isolation Error”和“Isolation Fault”

故障分析：光伏系统对地绝缘电阻小于2 MΩ。

可能原因：光伏组件、接线盒、直流电缆、逆变器、交流电缆、接线端子等有电线对地短路或者绝缘层破坏。

解决办法：断开电网、逆变器，依次检查各部件电线对地的电阻，找出问题并解决。

5. 漏电流故障,逆变器显示“GFCI Fault”或者“lleak Error”

故障分析：漏电流太大。

可能原因：一方面可能是由于环境因素（如温度过高、湿度过大等）导致的漏电流暂时过大，待环境恢复正常后，漏电流也能恢复正常；另一方面可能是由于逆变器内的电力电子元器件已损坏而导致漏电流过大。

解决办法：断开逆变器的直流输入端，然后检查逆变器输出端后的交流电网，如果没有找到漏电原因，则将逆变器的直流输入端和交流输出端全部断开，让逆变器停电30 min以上，再上电运行。如果漏电流能恢复至正常值，则继续使用；如果不能恢复，就联系逆变器公司售后技术工程师进行检测、维修或更换。

6. 电网错误，逆变器显示“Grid Volt Fault”、“Grid Freq Fault”及“Grid Fault”

故障分析：电网电压和频率过低或过高。

可能原因：由于发电端的发电量或负载端的负荷量发生变化而导致电网的电压或电网的频率发生变化，也可能是逆变器的检测电路板发生故障而导致错误的显示报警。

解决办法：用万用表测量电网电压和频率，如果超出了，等待电网恢复正常。如果电网电压或频率正常，则是逆变器检测电路板发生故障，请把直流端和交流端全部断开，让逆变器停电30 min以上。如果自己能恢复，就继续使用；如果不能恢复，就联系逆变器公司售后技术工程师进行检测、维修或更换。

7. 逆变器硬件故障，逆变器液晶显示器显示：Consistent Fault、Over Temp.Fault、Relay Fault、DCI Out Range、EEPROM Fail、CommLost和Com failure、Bus Over Voltage和Bus Low Voltage、Boost Fault、GFCI Device Fault、Inv. Curr. Over、Fan Lock、RTC Fail、SCI Fault

故障分析：逆变器电路板、检测电路、功率电路、通信回路等电路有故障。

可能原因：相关硬件确实出现了故障或由于温度过高导致相关硬件电路故障或相关检测电路及通信电路发生故障。

解决办法：逆变器出现上述硬件故障，把直流端和交流端全部断开，让逆变器停电30 min以上。如果自己能恢复，就继续使用；如果不能恢复，则联系逆变器公司的售后技术工程师进行检测、维修或更换。

8. 系统输出功率偏小，达不到理想的输出功率

故障分析：太阳辐射量偏低、光伏阵列了灰尘或阴影遮挡、光伏阵列中有损坏的光伏组件等。

可能原因：影响光伏电站输出功率大小的因素有很多，包括太阳辐射量、光伏电池阵列

的倾斜角度、灰尘和阴影阻挡、组件的温度特性或因电站设备安装不当造成光伏电站输出功率偏小。

解决办法：

① 在安装前，检测每一块组件的功率是否足够。

② 调整好组件的安装角度和朝向。

③ 检查组件是否有阴影和灰尘。

④ 检测组件串联后电压是否在电压范围内，电压过低、光伏电站效率就会偏低。

⑤ 多路组串安装前，先检查各路组串的开路电压，相差应不超过 5 V。如果发现电压不对，要检查线路和接头。

⑥ 安装时，可以分批接入，每一组接入时，记录每一组的功率，组串之间功率相差不超过 2%。

⑦ 安装地方通风不畅通，逆变器热量没有及时散发出去，或者直接在阳光下暴露，造成逆变器温度过高。

⑧ 逆变器有两路 MPPT 接入，每一路输入功率只有总功率的 50%。原则上每一路安装功率应该相等，如果只接一路，输出功率会减半。

⑨ 电缆接头接触不良，电缆过长，线径过细，有电压损耗，最后造成功率损耗。

⑩ 并网交流开关容量过小，达不到逆变器输出要求。

除了上述有关故障外，在分布式并网光伏电站中还存在以下问题：

（1）组件散热难度大而导致的火灾问题

分布式并网光伏电站，尤其是屋顶并网光伏电站，光伏组件的散热比不上大型地面并网光伏电站，在实际的光伏电站的运行过程中，会出现由于光伏组件散热不良而导致火灾的发生，如图 5-18 所示。

图5-18　光伏组件散热不良导致的火灾

（2）屋顶光伏电站由于屋顶的结构和受力问题导致屋顶漏水

屋顶光伏电站在加装光伏组件后，由于屋顶受力情况的变化而导致屋顶漏水，如图 5-19 所示。

图5-19　屋顶光伏电站的漏水问题

（3）光伏组件问题

由于光伏组件本身的质量或阴影、遮挡等原因而导致光伏组件出现隐裂甚至烧坏，并最终导致光伏组件的功能失效，如图 5-20 所示。

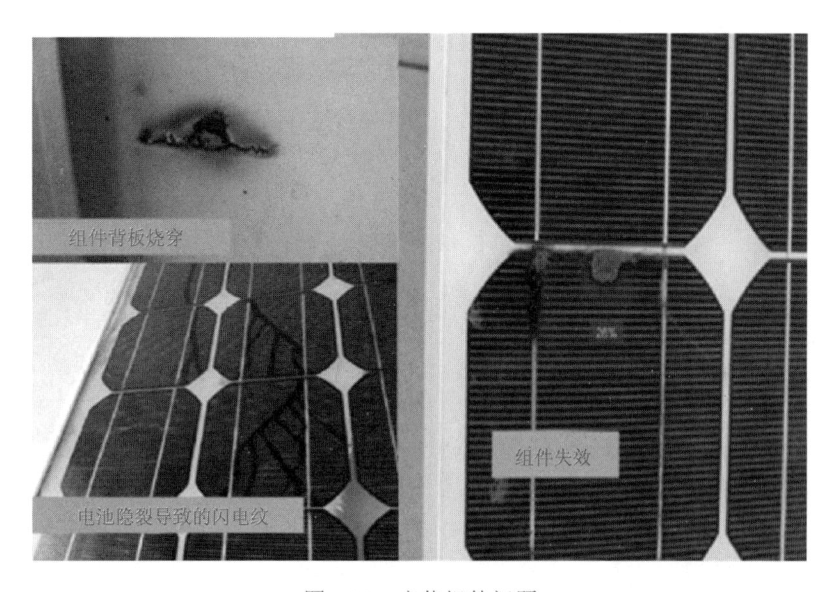

图5-20　光伏组件问题

习　　题

1. 分布式并网光伏电站与地面大型并网光伏电站在组成设备方面有什么不同？

2. 影响并网光伏电站发电量的因素有哪些？

3. 分布式并网光伏电站运行与维护的一般要求有哪些？

4. 分布式并网光伏电站运行与维护中定期检验的周期要求有哪些？

5. 分布式并网光伏电站运行与维护过程中有哪些常见的问题？该如何避免？

6. 分布式并网光伏电站运行与维护过程中的常见故障有哪些？分别是由什么原因所引起的？

第6章 光伏电站运行与维护的常用工具

学习目标

- 掌握光伏电站运行与维护中常用的硬件工具分类及特点。
- 掌握光伏电站运行与维护中使用的智能化运维工具类型及特点。
- 掌握光伏电站运行与维护中所使用的必备工具、专用工具及防护工具的使用方法。
- 掌握光伏电站智能化监控系统的组成结构及应用特点。
- 掌握智能运维机器人、智能运维无人机的特点及使用方法。

本章简介

本章首先介绍了光伏电站运行与维护过程中常使用的硬件工具的分类、特点，接着详细介绍了钳形电流表、万用表、*I-V* 曲线测试仪、接地电阻测试仪及红外热像仪的组成、结构、工作原理及使用方法和使用时应注意的事项，最后简单地介绍了光伏电站智能化运维工具中智能监控系统、智能运维机器人及智能运维无人机的特点及应用。

6.1　光伏电站运行与维护中常用的硬件工具及使用

6.1.1　光伏电站运行与维护中常使用的硬件工具

1. 光伏电站运行与维护所需的硬件工具

光伏电站运行与维护所需的硬件工具包括必备工具、专用工具和防护工具，相关工具的作用如下：

（1）光伏电站运行与维护所需的必备工具

① 万用表：用来测量光伏电站相关设备的输入和输出电压。

② 温度测试仪：用来测量组件、汇流箱、配电柜、逆变器等设备的运行温度。

③ 绝缘电阻测试仪：用来测量各设备的输出正极对地、负极对地、正负极之间的绝缘电阻值。

④ 光伏端子压线钳：是光伏组件连接器和 MC4 连接器，以及用于非绝缘开放式、插塞型连接器的专用压接工具。

（2）光伏电站运行与维护所需的专用工具

光伏电站运维所需的专用工具有：

① 钳形电流表：用来测量光伏电站各设备的输入与输出电流。

② 红外线热成像仪：对光伏电站中的一次和二次设备进行测温，及时发现设备的发热缺陷，有效保障设备的运行。

③ 接地电阻测试仪：用来测量光伏电站设备接地电阻的常用仪表，也是电气安全检查与接地工程竣工验收不可缺少的工具。

④ I–V 曲线测试仪：用来对光伏电站中各光伏子阵列的 I–V 特性进行测试，以便维护和维修。

⑤ 万用表：用来测量光伏电站设备、电压、电流、电阻的常用仪表。

光伏电站运行与维护中常用的硬件工具外观图如图 6-1 所示。

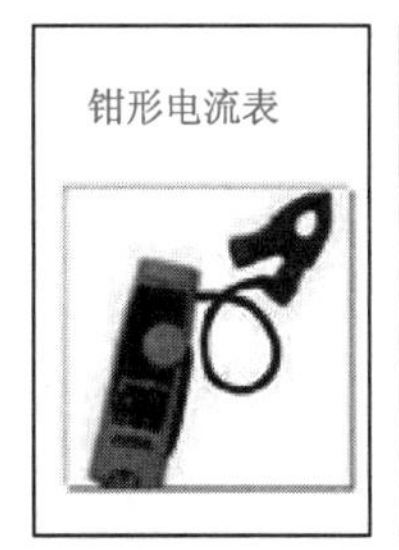

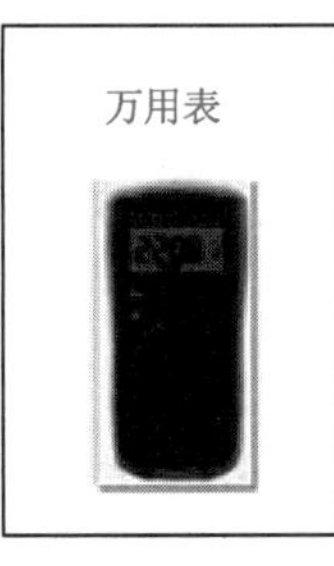

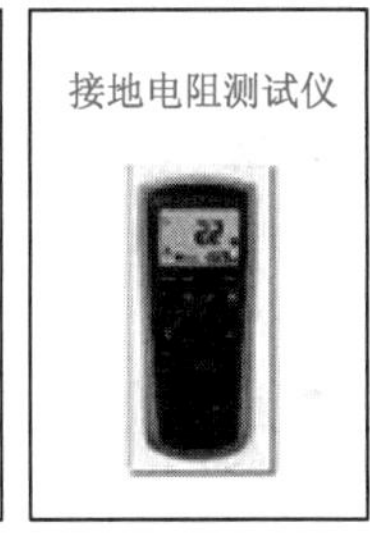

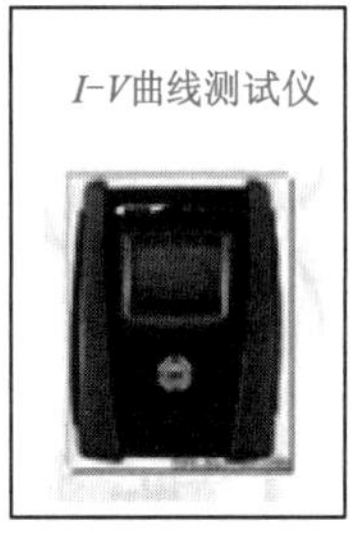

图6-1　光伏电站运维中常用的硬件工具外观图

（3）光伏电站维护所需的防护工具

① 安全帽：安全帽可以承受和分散落物的冲击力，保护或减轻由于高处坠落物撞击头部造成的伤害，从而避免一些事故的发生。

② 绝缘手套：绝缘手套是劳保用品，起到对手或者人体的保护作用，用橡胶、乳胶、塑料等材料做成，具有防电、防水、耐酸碱、防化、防油的功能。

③ 电工专用防护服：能够保证工作人员在相应带电作业环境下的人身安全。

④ 绝缘鞋：主要用于防止跨步电压伤害，也用于防止接触电压伤害。

2. 使用硬件工具进行检修时应注意的事项

电站运维人员在从事检查、维修工作时，从人员和设备安全方面来考虑，应注意以下几方面：

① 电气操作人员必须严格执行《电气作业安全工作规程》的有关规定。

② 现场必须备有安全用具、防护器具和消防器材等，并对这些安全用具定期进行检查、维护和保养。

③ 电气设备要有可靠的接地装置、防雷设施，并且对这些装置和实施每年都要定期检查和维护。

④ 检修人员要有电工操作证且必须由经过了专业培训、经考核合格的人员担任。

⑤ 检修人员上岗应按规定穿戴好劳动防护用品并正确使用符合安全要求的检修工具。

⑥ 运行人员必须严格执行操作票、工作票、工作许可及工作监护制度等。

⑦ 高压设备无论是否带电，检修人员不得移开或越过护栏进行工作，若需要移开时，必须要有人在现场监护，并符合设备不停电的安全距离。

⑧ 雷雨天气，需巡视室外高压设备时，巡视人员必须穿绝缘鞋，并不得靠近避雷装置。

⑨ 在高压设备和大容量低压总盘上倒闸操作及在带电设备附近工作时，须由两人执行，并由技术熟练的人员担当监护。

6.1.2 光伏电站运行与维护中常用硬件工具的使用方法

1. 钳形电流表的使用方法

（1）钳形电流表的工作原理

钳形电流表的原理是建立在电流互感器的基础上的，当放松扳手，铁芯闭合后，根据电流互感器的原理，在其二次绕组上产生感应电流，测量得到二次绕组上的电流并通过一定的数值转换就可得到被测导线上的电流并显示在钳形电流表的液晶显示屏上。当握紧钳形电流表扳手时，电流互感器的铁芯可以张开，被测电流的导线进入钳口内部作为电流互感器的一次绕组。

钳形电流表的外观如图 6-2 所示。

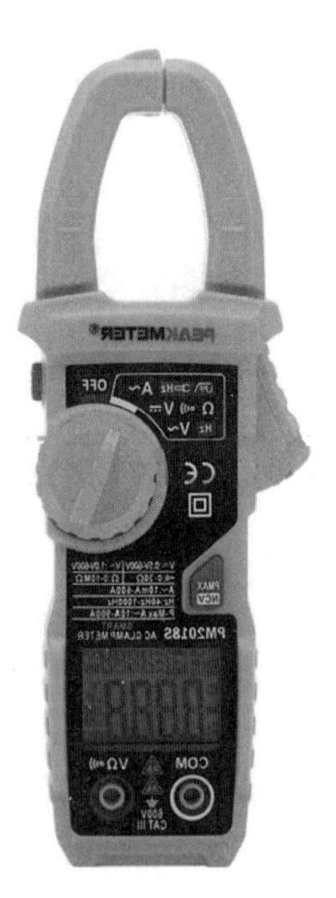

图6-2　钳形电流表的外观

（2）钳形电流表的使用方法：

① 在使用钳形电流表前应仔细阅读说明书，弄清是交流还是交、直流两用钳形电流表。

② 由于钳形电流表本身精度较低，在测量小电流时，可以先将被测电路的导线绕几圈，再放进钳形电流表的钳口内进行测量。此时，钳形电流表所指示的电流值并非被测量的实际值，实际电流应当为钳形电流表的读数除以导线缠绕的圈数。

③ 钳形电流表钳口在测量时闭合要紧密，闭合后如有杂音，可打开钳口重合一次，若杂音仍不能消除时，应检查磁路上各接合面是否光洁，是否有尘污，有尘污时要擦拭干净。

④ 钳形电流表每次只能测量一相导线的电流，被测导线应置于钳形窗口中央，不可以将多相导线都夹入窗口测量。

⑤ 被测电路电压不能超过钳形电流表上所标明的数值，否则容易引起触电危险。

⑥ 当用钳形电流表来测三相交流电时，可以一次测量其中一根相线的电流，也可以同时测量三根相线的电流，但此时表上数字应为零（因三相电流相量和为零），当钳口内有两根相线时，表上显示数值为第三相的电流值。

⑦ 钳形电流表测量前应先估计被测电流的大小，再选用合适的量程进行测量。若无法估计，可先用较大量程挡，然后再逐渐换用较小量程挡进行测量，以便准确读出被测量的大小。不能使用小电流挡去测量大电流，以防损坏仪表。钳形电流表使用示意图如图 6-3 所示。

图6-3　钳形电流表使用示意图

（3）使用钳形电流表的注意事项

① 由于钳形电流表原理是利用电流互感器的原理进行测量的，所以铁芯是否闭合紧密，是否有大量剩磁，对测量结果影响很大。当测量较小电流时，会使得测量误差增大。这时，可将被测导线在铁芯上多绕几圈来改变电流互感器的电流比，以增大电流量程。

② 测量高压电缆各相电流时，电缆头线间距离应在 300 mm 以上，且绝缘良好，待认为测量方便时，方能进行。读取被测量值的大小时，要特别注意保持头部与带电部分的安全距离，人体任何部分与带电体的距离不得小于钳形电流表的整个长度。

③ 测量低压熔断器或水平排列低压母线电流时，应在测量前将各相低压熔断器或母线用绝缘材料加以保护隔离，以免引起相间短路。

④ 使用高压钳形电流表时应注意钳形电流表的电压等级，严禁用低压钳形电流表测量高电压回路的电流。用高压钳形电流表测量时，应由两人操作，非值班人员测量还应填写第二种工作票，测量时应戴绝缘手套，站在绝缘垫上，不得触及其他设备，以防止短路或接地。

⑤ 钳形电流表测量结束后应把开关拨至最大量程挡，以免下次使用时不慎过电流，并应保存在干燥的室内。

⑥ 当电缆有一相接地时，严禁测量。防止出现因电缆头的绝缘水平低，发生对地击穿爆炸而危及人身安全。

⑦ 用钳形电流表测量时，邻近导线的电流，对其会有影响，所以还要注意三相导线的位置要均等。

⑧ 维修时不要带电操作，以防触电。

（4）图解钳形电流表的使用方法

① 测量交流电流。使用钳形电流表测量交流电流大小的示意图如图 6-4 所示。

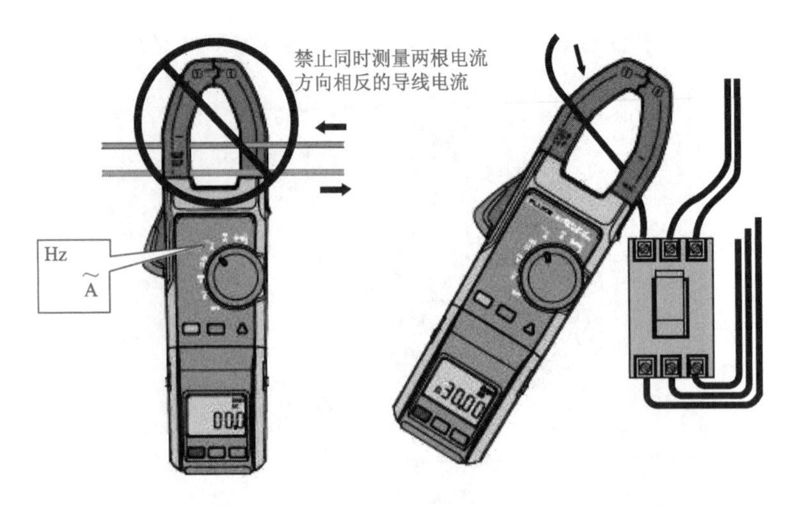

图6-4 使用钳形电流表测量交流电流大小的示意图

② 测量交流电压的大小。使用钳形电流表测量交流电压大小的示意图如图 6-5 所示。

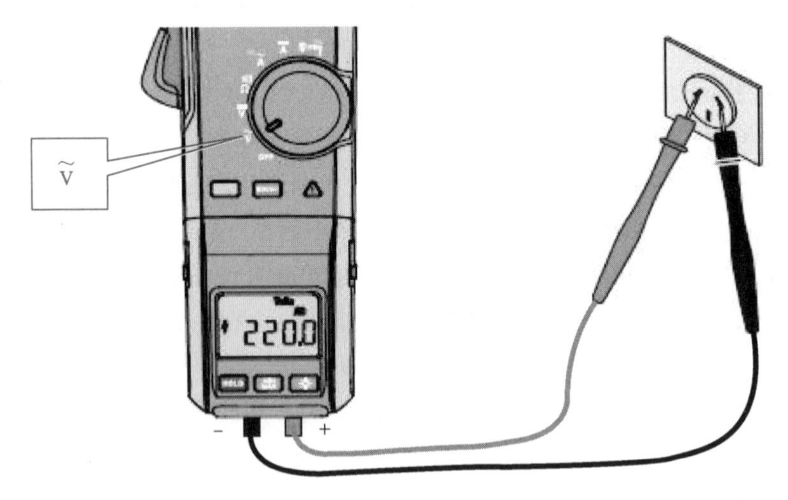

图6-5 使用钳形电流表测量交流电压大小的示意图

③ 测量浪涌电流的大小。使用钳形电流表测量浪涌电流大小的示意图如图 6-6 所示。

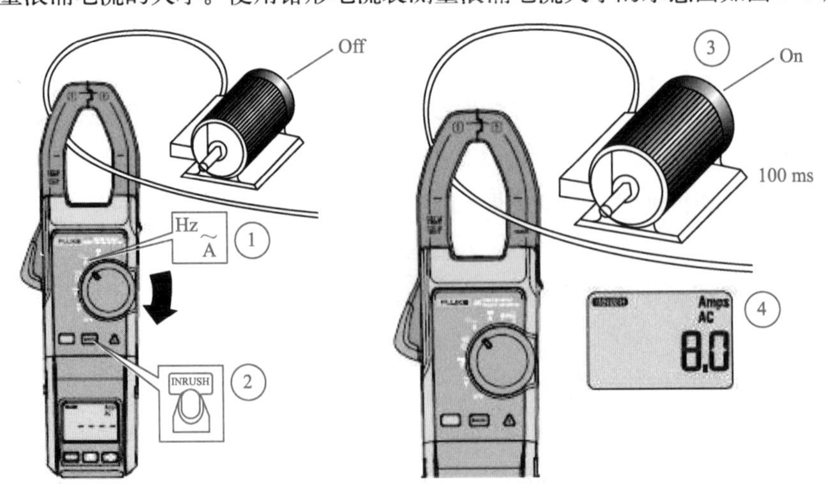

图6-6 使用钳形电流表测量浪涌电流大小的示意图

2. 万用表的使用方法

（1）万用表的外观（见图 6-7）

（2）万用表的使用方法

① 使用前，应认真阅读使用说明书，熟悉电源开关、量程开关、插孔、特殊插口的作用。

② 将电源开关置于 ON 位置。

③ 交、直流电压的测量：根据需要将量程开关拨至 DCV（直流）或 ACV（交流）的合适量程，红表笔插入 V/Ω 孔，黑表笔插入 COM 孔，并将万用表表笔与被测线路并联即可测出。

④ 交、直流电流的测量：将量程开关拨至 DCA（直流）或 ACA（交流）的合适量程，红表笔插入 mA 孔（< 200 mA 时）或 10A 孔（> 200 mA 时），黑表笔插入 COM 孔，并将万用表表笔串联在被测电路中即可。测量直流量时，数字万用表能自动显示极性。

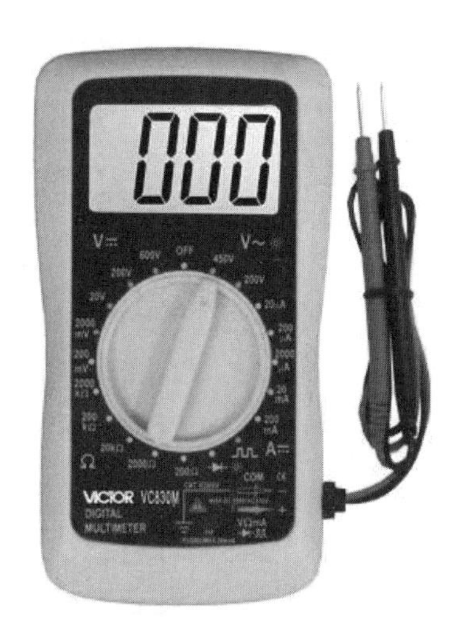

图6-7　万用表的外观

⑤ 电阻的测量：将量程开关拨至 Ω 的合适量程，红表笔插入 V/Ω 孔，黑表笔插入 COM 孔。如果被测电阻值超出所选择量程的最大值，万用表将显示“1”，这时应选择更大的量程。另外，数字万用表的红表笔为正极，黑表笔为负极，这与指针式万用表正好相反。因此，测量晶体管、电解电容器等有极性的元器件时，必须注意表笔的极性。

3. 接地电阻测试仪的使用方法

图 6-8 和图 6-9 分别为数字式接地电阻测试仪的外观和测试接线图。

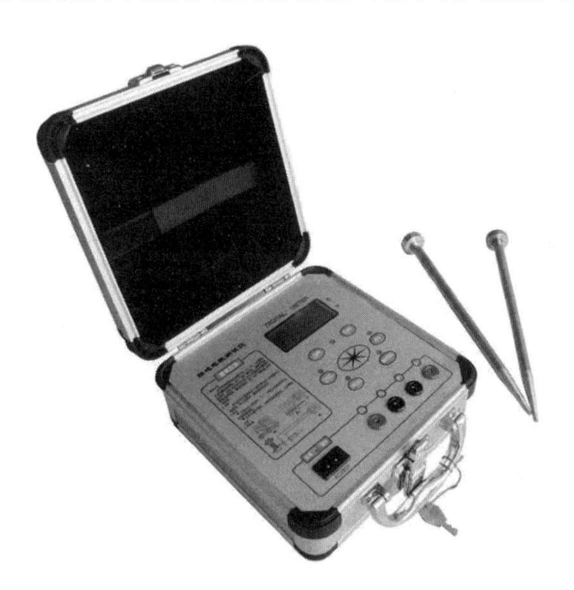
图6-8　数字式接地电阻测试仪的外观

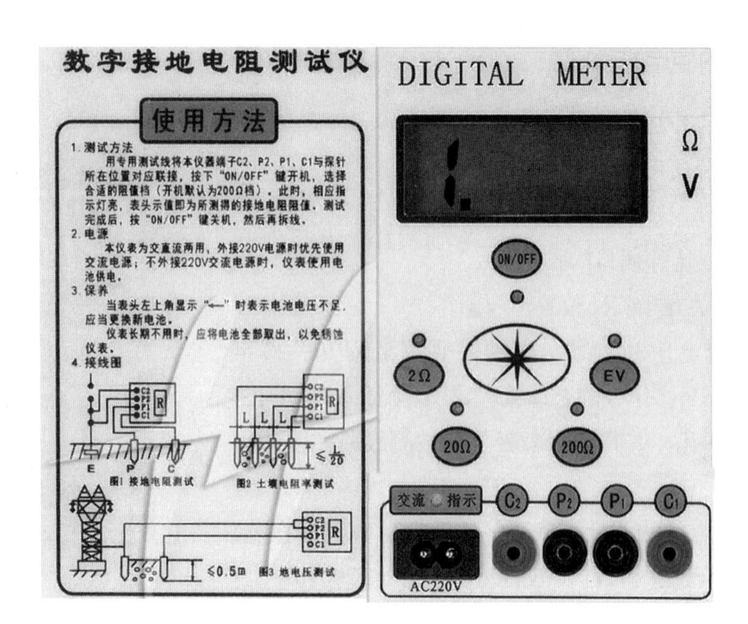

图6-9　数字式接地电阻测试仪测试接线图

接地电阻测试仪的使用方法如下：

（1）接地电阻测量

接地电阻的测量，其对应的接线方法如图 6-10 所示。

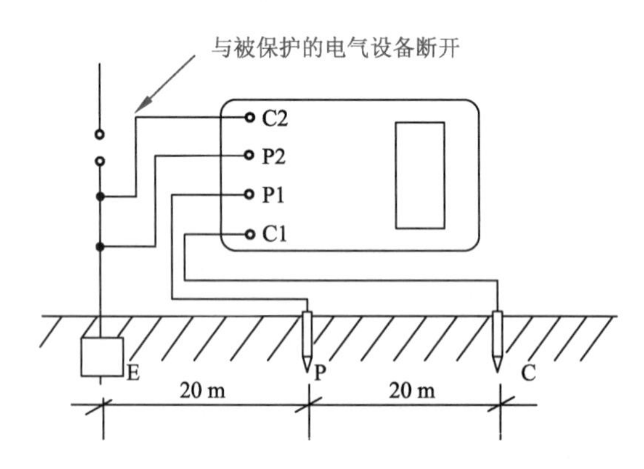

图6-10　数字式接地电阻测试仪接地电阻的测量

测量方法：沿被测接地极 E（C2、P2）和电位探针 P1 及电流探针 C1，使直线彼此相距 20 m，使电位探针处于 E、C 中间位置，按要求将探针插入大地。

用专用导线将接地极 E（C2、P2）、P1、C1 与探针所在位置对应连接。

打开接地电阻测试仪电源开关 ON，选择合适挡位轻按一下挡位键则该挡位指示灯亮，表头 LCD 显示的数值即为测得的地电阻。

（2）土壤电阻率测量

土壤电阻率的测量其对应的接线方法如图 6-11 所示。

测量时在被测的土壤中沿直线插入4根探针，并使各探针间距相等，各间距的距离为L，要求探针入地深度为$L/20$ cm，用导线分别从C1、P1、P2、C2各端子与4根探针相连接。若接地电阻测试仪测出电阻值为R，则土壤电阻率按下式计算：

$$\Phi=2\pi RL$$

式中：Φ——土壤电阻率，Ω · cm；

L——探针与探针之间的距离，cm；

R——接地电阻测试仪的读数，Ω。

用此法测得的土壤电阻率可近似认为是被埋入探针之间区域内的平均土壤电阻率。

注：测地电阻、土壤电阻率所用的探针一般用直径为 25 mm，长 0.5 ～ 1 m 的铝合金管或圆钢。

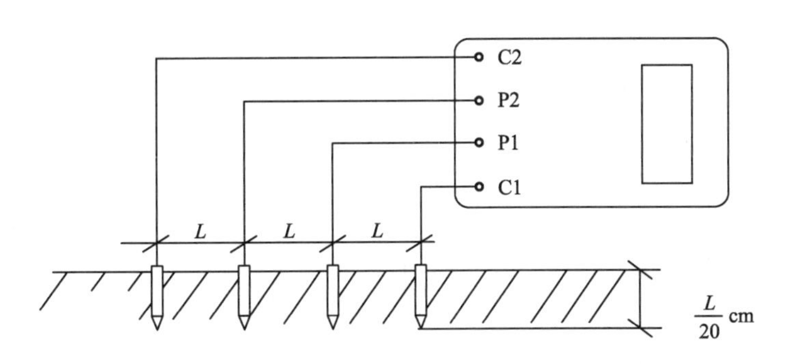

图6-11　数字式接地电阻测试仪土壤电阻率的测量

（3）导体电阻测量

导体电阻的测量接线图如图 6-12 所示。

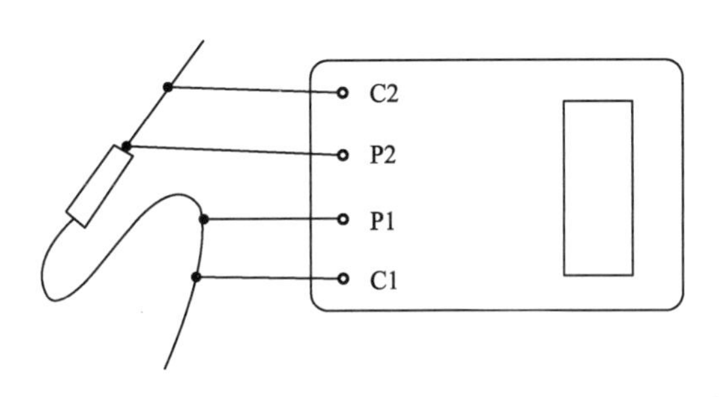

图6-12　导体电阻的测量接线图

按照图 6-12 的方法连接好导线，然后打开接地电阻测试仪的电源开关，选择好合适的量程后，即可读出待测导体的电阻值。

（4）接地电压测量

测量接线见图 6-10，拔掉 C1 插头，E、P1 间的插头保留，启动地电压（EV）挡，指示灯亮，读取表头数值即为 E、P1 间的交流地电压值。

在使用完接地电阻测试仪后一定要按一下电源 OFF 键，使测试仪关机。

4. *I–V*曲线测试仪的使用方法

*I–V*曲线测试仪是太阳能光伏系统进行定期维护的一种专用仪器。以HT *I–V*400为例，*I–V*400可以用于测量单个太阳能光伏组件或电池串的*I–V*特性和主要性能参数。该仪器可以测试装置的*I–V*特性，还能测试它的温度和外部的太阳能辐射。具体功能为：测试光伏组件或组串的输出电压达到1 000 V；测试光伏组件或组串的输出电流达到10 A；可以通过参考单元测

量太阳能辐射功率；测量光伏组件或组串或环境的温度，可自动或手动方式使用PT1000测温探头；测量光伏组件或组串的直流视在功率；显示图形化的*I–V*特性；测量光伏组件阻抗等。HT *I–V*400外观如图6-13所示。HT *I–V*400 *I–V*曲线测试仪的测试接线图如图6-14所示。

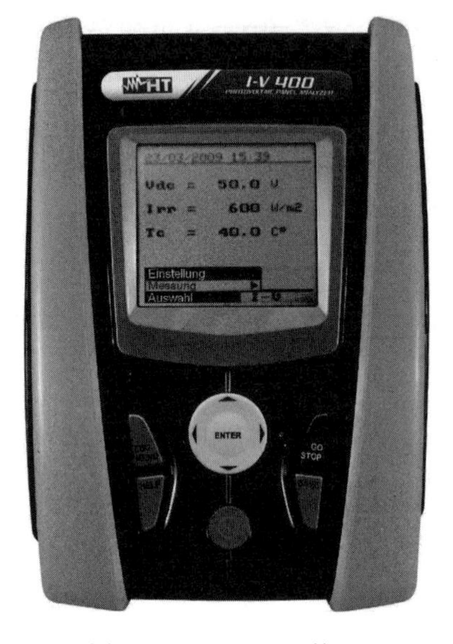

图6-13　HT *I–V*400外观

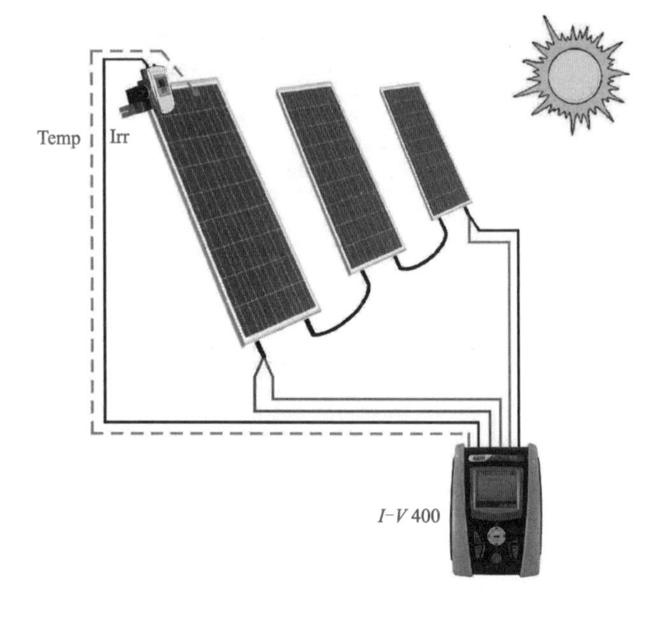

图6-14　HT *I–V*400 *I–V*曲线测试仪的测试接线图

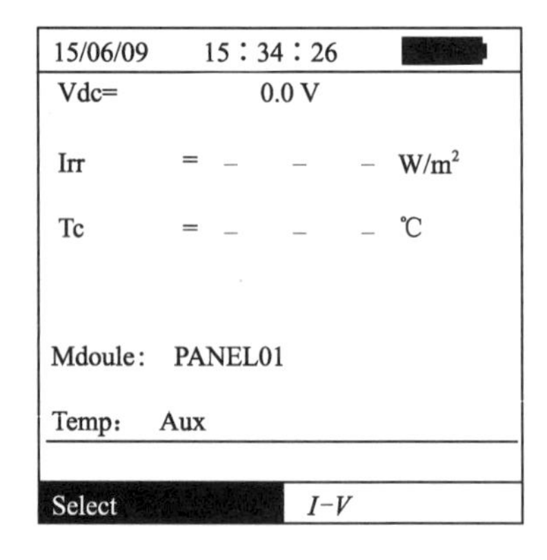

图6-15　HT *I–V*400显示屏界面

HT *I–V*400 的使用方法如下：

① 长按 ON/OFF 键可启动仪器。

② 仪器显示屏显示的界面如图 6-15 所示。

• Vdc 为仪器的 C1 和 C2 输入端之间的电压即太阳电池板的直流输出电压。

• Irr 为参考太阳电池测量的太阳辐照度。

• Tc 为温度探针测量的太阳电池组件温度。

• Module 为内部数据库中上次使用的参数模块。

• Temp 为太阳电池组件温度的测量模式。

③ 按 Enter 键，选择 Settings 选项，然后按 Enter 键确认，接着就进入了设置被测太阳电池组件类型和太阳电池组串中的组件数量的界面。设置好组件的类型和数量，即可测量出光伏组件的相应性能参数。

5. 红外热像仪的使用方法

（1）红外热像仪的工作原理

红外热像仪是利用红外探测器和光学成像物镜接受被测目标的红外辐射能量分布图形反映到红外探测器的光敏元件上，从而获得红外热像图，这种热像图与物体表面的热分布场相对应。通俗地讲，红外热像仪就是将物体发出的不可见红外能量转变为可见的热图像。热图像上面的不同颜色代表被测物体不同部位的不同温度。任何有温度的物体都会发出红外线，红外热像仪就是接收物体发出的红外线，通过有颜色的图片来显示被测量表面的温度分布，根据温度的微小差异来找出温度的异常点，从而指导物体的维护。红外热像仪的外观如图 6-16 所示。

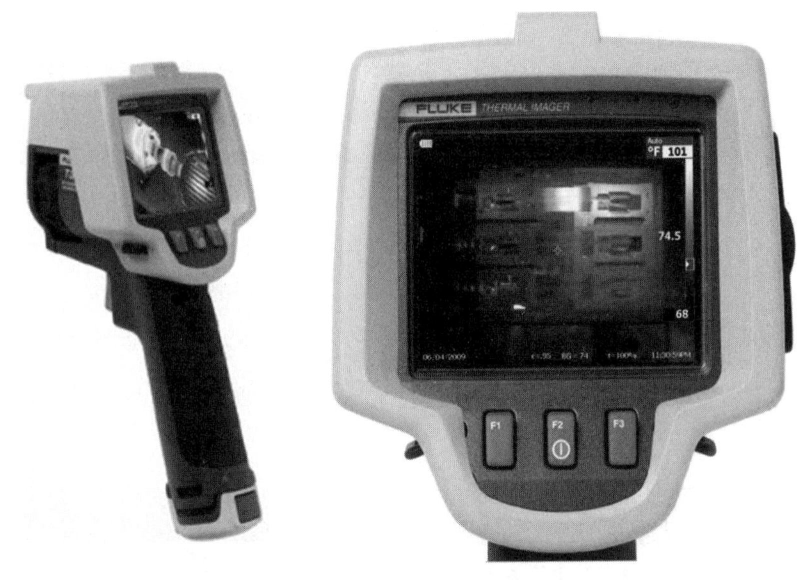

图6-16　红外热像仪的外观

（2）红外热像仪的使用方法

① 开启和关闭红外热像仪：按下中间的 F2 功能键 2 s。

② 使用功能表设定红外热像仪的红外融合水平、调色板、检视温度范围、背光、点温度、语言、发射率等功能。

功能表由 3 个功能键（F1、F2、F3）配合，用来设定热像仪的功能。功能表显示屏上，每个功能键上方的文字都与功能键对应。按 F2 键开启功能表并且在功能表之间循环切换。

（3）进行拍摄

拍摄时应注意的事项（以 Ti25 为例）：

① Ti25 拍摄影像的最小距离约为 46 cm。

② 一般拍摄距离在 46 ～ 200 cm 为好，不要拍摄得太远。

③ 摄像头可以手动调焦距，可以使画面数据更准确。

④ 热像仪镜头不要用手或硬物触碰、不要用清洗，使用后保护盖要关上。

⑤ 测量温度范围 −20 ℃ ～ +350 ℃。

⑥ 拍摄红外热图像时，要注意三点，温度范围、聚焦和图像构成。首先要选择测温范围，设定自动调整测温范围，手动调整温度范围太高或太低都不利于读取温度。另外，要调整好焦距，目前的红外热像仪大多具有自动聚焦功能，可以在此基础上进行手动调焦，以获得最清晰的图像。焦距调节效果图如图 6-17 所示。

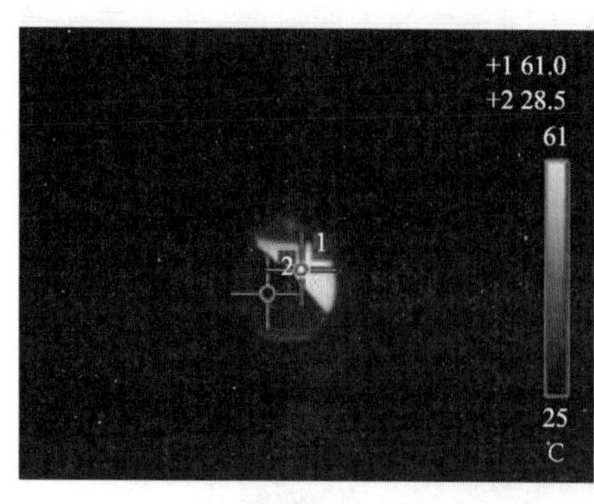

（a）调好焦距　　（b）未调好焦距

图6-17　红外热像仪焦距调节效果图

⑦ 避免环境的反射。环境的反射有周围点源目标的反射和周围背景的反射两种情形。反射主要是因为要测量的目标表面辐射率较低所致。目标真实的温度分布是渐变的，而反射的温度分布则不同；操作者拍摄的方向不同，看上去发热的部位也不同。红外热像仪拍摄物体具有环境反射时的效果图6-18所示。

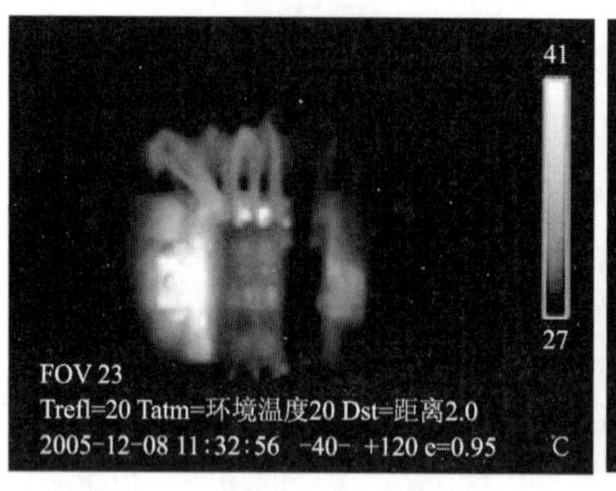

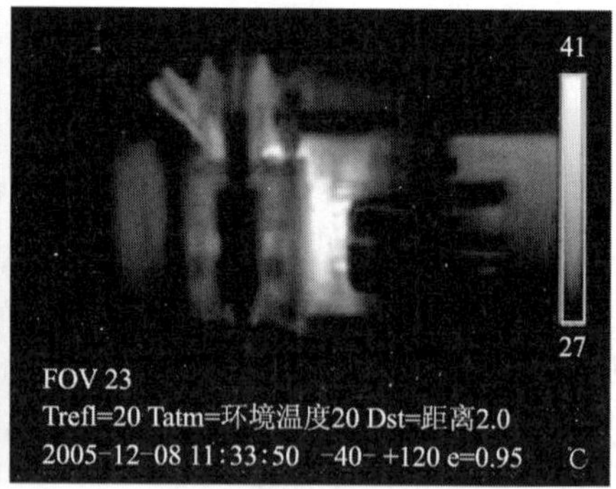

图6-18　红外热像仪拍摄物体具有环境反射时的效果图

（4）数据分析

红外热像仪对测得的数据可以采用表面温度判断及同类比较等方法进行数据分析。

① 表面温度判断法：根据测得的设备表面的温度值，对照 GB/T 11022—2020《高压交流开关设备和控制设备标准的共用技术要求》的有关规定，凡温度超过标准的可根据设备超标的程度、设备负荷率的大小、设备的重要性及设备承受的机械应力的大小来确定设备缺陷的性质，对在小负荷率下温升超标或承受机械应力较大的设备要从严定性。设备的缺陷程度可以划分为：危急热缺陷（Ⅰ）即电气设备表面温度超过 90 ℃，或温升超过 75 ℃或相对温差（温差）超过 55 ℃；严重热缺陷（Ⅱ）即电气设备表面温度超过 75 ℃，或温升超过 65 ℃或相对温差（温差）超过 50 ℃；一般热缺陷（Ⅲ）即电气设备表面温度超过 60 ℃，或温升超过 30 ℃或相对温差（温差）超过 25 ℃；热隐患（Ⅳ）即电气设备表面温度超过 50 ℃，或相对温差（温差）超过 20 ℃。

② 同类比较法：在同一电器回路里，当三相电流对称和三相（或两相）设备相同时，比较三相或两相电流致热型设备的对应部位的温升值，可判断设备是否正常。若三相设备同时

出现异常，可与同回路的同类设备比较。当三相负荷电流不对称时，应考虑负荷电流的影响。

对于型号相同的电压致热型设备，可根据其对应点温升值的差异来判断设备是否正常。电压致热型设备的缺陷宜用允许温升或同类允许温差的判断依据确定。一般情况下，当同类温差超过允许温差值30%时，应定为严重热缺陷。当三相电压不一致时应考虑工作电压影响。允许温升标准参照DL/T664—2016《带电设备红外诊断应用规范》中相关设备的允许温升值。

（5）红外检测周期

应结合工作实际和生产计划制订红外检测与诊断周期，并严格执行。

① 带电设备所有接头至少每月测试一次，并在设备巡视记录上做好记录，包括测试时间、本次测试中的最高温度、具体部位，重要枢纽站和负荷较重的变电站，检测次数可以根据情况增加。

② 一般在预试和检修开始前应安排一次红外检测，以指导预试和检修工作。

③ 新建、扩改建或大修（尤其是拆接过接头的）电气设备在带负荷后的3天内应进行一次红外检测和诊断，对110 kV及以上的电压互感器、耦合电容器、避雷器等设备应进行准确测温，求出各元件的正常温升值，作为分析这些设备参数变化的原始资料。

④ 在每年的大负荷或者夏季高峰来临之前，应加强对带电设备的红外检测，至少增加一次带电设备红外普测。

⑤ 计划性普测应结合停电计划有针对性的安排，遇较大范围设备计划停电，应在停电前48 h进行一次计划性普测。

⑥ 对于运行环境差、设备陈旧及缺陷设备，在负荷突然增加或运行方式改变等情况下，要增加监测次数。

⑦ 危急热缺陷发现并上报后，每1 h测试一次，并在设备巡视记录上做好记录，包括记录测试时间、环境温度、发热部位、发热温度及负荷电流。严重热缺陷发现并上报后，每5 h测试一次，并做好相应记录；一般热缺陷发现并上报后，每3天测试一次，并做好相应记录；热隐患发现并上报后，每10天测试一次。

6.2 光伏电站运行与维护智能化运维工具

6.2.1 光伏电站智能化运维监控系统

光伏电站的智能化运维，简单来说可以实现四大作用：包括对电站的远程监测和控制、远程智能运行维护管理、发电效率分析与优化服务、电站资产的评估。具体来说，智能化运维通过将大数据处理、云计算、远程通信控制技术、物联网技术等与能源领域的结合，一方面可以实现发电端的智能化运营维护，降低维护成本；另一方面可以对处于运行状态的设备进行预防性报警，增加客户的电站运行和产出效率。光伏电站智能化监控系统体系架构如图6-19所示。

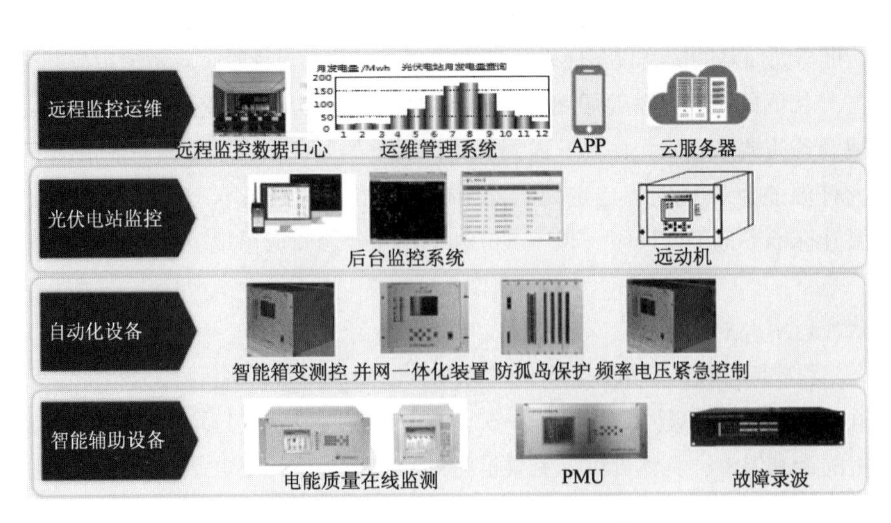

图6-19　光伏电站智能化监控体系架构图

光伏电站的智能化运维监控系统采用有线光纤、4G、5G 等通信组网方式，借助一些智能化的数据采集和传输设备，实现对光伏电站的远程监测和控制、远程智能运行维护管理、发电效率分析与优化服务、电站资产的评估，具体来说智能化运维技术通过将大数据处理、云计算、远程技术、物联网技术等与能源领域相结合，一方面可以实现发电端的智能化运营维护，降低维护成本；另一方面可以对处于运行状态的设备进行预防性报警，增加客户的电站运行的产出效率。

目前，光伏电站智能化运维监控系统除采用传统的有线和无线通信方式来进行远程监控外，有的光伏电站已开始融入北斗卫星技术来进行通信组网。采用北斗卫星技术可以稳定、高效、实时、安全地实现光伏电站远程数据的传输、发电设备的监测、电站现场的监管、电站管理的调度、电站环境的监测等功能。

光伏电站远程监控系统中的远程监控软件的远程服务功能逻辑图如图 6-20 所示。

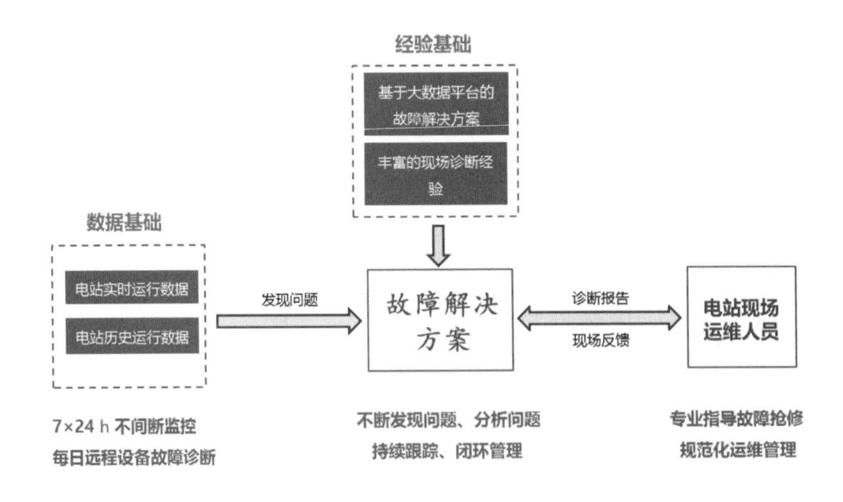

图6-20　光伏电站远程监控软件的远程服务功能逻辑图

光伏电站远程监控软件是针对光伏电站设备数量多、不易快速定位故障，电站运维状态不清晰等状况，每日对电站进行远程故障诊断分析，挖掘影响电站发电能效的主要因素和运行缺陷，指导、督促电站运维人员及时进行故障抢修，并且通过远程诊断报告提供持续性的优化改进方案，不断促进电站运行能效提升和运维工作改进，帮助企业建立基于大数据分析和智能应用为基础的“O2O”运维管理模式，实现电站精细化管理和高质量运维。软件具体的服务内容有：

① 远程诊断专家 7×24 h 不间断监控，每日远程设备故障诊断，实时分析设备故障和运行缺陷，并通过远程诊断日报（给出故障完整处理解决方案）专业指导电站运维人员进行设备故障消缺。

② 每周远程持续监控电站设备故障状况，并通过远程诊断周报汇总分析电站生产运营情况和设备故障处理状况，辅助电站实现缺陷闭环管理。

③ 每月深度的系统性能分析和设备性能对比，挖掘电站实际运行性能与理论设计的差异，并通过远程诊断月报给出针对性的优化改进方案，不断促进电站系统性能的提升。

④ 结合电站实际运行情况，从两票操作、交接班、值长日志、备品备件等管理入手，专业指导电站进行规范化和标准化的“O2O”运维管理。

软件对应的核心价值有：

① 远程设备故障诊断，实时指导电站运维消缺，保障电站发电收益。

② 帮助企业建立基于大数据分析和智能应用为基础的“O2O”运维管理模式，实现电站精细化管理和高效化运维。

③ 专业化的共享服务，为客户节约人力成本。

6.2.2 智能运维机器人

组件清洗工作过去一直采用人工清洗的方式进行，而人工清洗成本高、效率低，白天清洗影响发电，并且一些山坡项目、农业大棚又给人工清洗带来极大困难。智能运维机器人的问世，为饱受尘埃污染困扰的光伏电站提供了较好的解决方案，以协鑫新能源第三代智能运维机器人为例，它具有无导轨设计、全方位高效清扫、太阳能供电、智能控制、无水清扫、全天候工作、保护功能完善等多项功能。它不仅可以充当“保洁员”，还是个“保健医生”，在它驶过组件表面的同时，还能对组件进行一次健康状况的扫描，并通过传输系统将检测信息传到大数据平台，实现人机互动，运维人员不出房间即可完成全部运维工作。无水清洁、完全自供电以及全自动运行，意味着零水成本、零电力成本甚至零人力成本。其运行效果图如图 6-21 所示。

图6-21　协鑫新能源第三代智能运维机器人运行效果图

现在还出现了一些智能运维机器人，其配备了20倍变焦的高清摄像头，并安装有检测接头温度的红外热像仪，能轻松实现照相、测温等功能。它能每天巡视，独立地给站内的测温接头和表头读数做“体检”，确保它们有良好的运行状态，如果发现异常，第一时间将情况报告给工作人员，以便及时处理。它在工作的时候不需要别人操控指引，自己完全认得路。如果在巡检过程中出现电量告急，它还能保持一定的“体力”回到专属屋子去充电。图6-22所示的智能运维机器人为日本Sinfonia科技公司开发的光伏组件清扫机器人Resola，可使用水自动清理光伏组件表面，它能针对安装在地面上5°～20°倾斜角单/多晶硅光伏电池组件进行清洗，而且它自身装有自动导航系统，其安装的红外传感器可使其按照设定的路线运动，不会从面板上掉落。

图6-22　日本Sinfonia科技公司开发的光伏组件清扫机器人Resola

由智能运维机器人和网络一起搭建的智能运维机器人系统目前可以用来及时清理尘垢污渍，准确探测光伏组件的热斑，检测并挑选出效能低下的光伏组件，通过有线或无线的方式搭建的管理平台可以实现数据的自动传输和人机互动远程控制。尤其是这种机器人系统可以在晚上进行运维，真正达到了高度智能、高效、安全及无人值守的目的。智能运维机器人夜间运行效果图如图6-23所示，智能运维机器人系统监控平台运行效果如图6-24所示。

图6-23　智能运维机器人夜间运行效果图

图6-24 智能运维机器人系统监控平台运行效果

6.2.3 智能运维无人机

国内现在已经建成的地面光伏电站大多都是几十兆瓦以上的规模，这些大型地面电站覆盖面积大，组件系统排布密集，日常电池板巡检工作量很大。虽然有光伏电站监控系统能够报告各个发电单元的发电状况，但很难监控到兆瓦级的光伏电站中的每个电池板，单单靠人力完成这些工作也会耗费巨大的时间成本和人力成本。用无人机来监测电站能够明显提高对电站隐患、故障的定位检查能力，同时它还具有强大的数据处理能力，通过无人机和红外照相机采集光伏电站温度、图像、地理位置等数据，快速处理并分析出电池板的状态，定位故障电池板的位置。使用无人机技术来进行光伏电站的运维效果如图 6-25 所示。

图6-25 无人机进行光伏电站的运维效果图

使用无人机技术进行光伏电站的运维还具有如下特点：

（1）成本低廉

光伏电站传统的预防性的运维方案是采用派驻人员、车辆到相关的光伏电站运维点进行定期检查的方式来防范重大问题和事故，这一运维方案是一项费时费力费钱的方案，对于大型光伏电站来说，高频次综合性的检查在成本上远高于使用无人机进行运维的方案。

采用无人机来进行光伏电站的运维工作，能节省车辆、人员、燃油等诸多成本，并且能减少派出人员到光伏电站相关运维站点进行运维的费用。据统计，现在租用一台能够执行一系列光伏相关任务（包括组件、线缆及其他部件的视觉成像、红外热成像以及植被监测）的无人机一年的费用为 15 万～ 50 万元，是在所有的光伏电站运维方案中成本最低的。

（2）功能强，效率高

无人机可以瞬间采集多种不同的数据，实时精确地锁定故障点的地理坐标。这种多类型数据采集的能力还支持 GPS 标注、视觉成像、激光测距、脉冲雷达成像，甚至还可以对可见光波长以外的光信号进行探测。

当这种彼此相关的多维度数据源源不断地传送到控制中心，传统的运维模式和流程将获得脱胎换骨的升级，光伏系统问题的诊断和判别效率将极大提升。另外，它还能通过模式识别和变化检测技术，提供更为经济便捷的预防性方案，全方位监控电站的“健康”状况，进一步优化运维响应速度。

低空飞行并携带有高分辨率红外照相机的无人机可以清晰拍摄到光伏组件的许多问题，像龟裂、蜗牛纹、损坏、焊带故障等问题，也可以发现像污点和植被遮挡这类问题，还可以使用热成像技术来监测汇流箱、接线盒、逆变器等电气设备的温度，从而可以有效避免各种电气故障的发生，无人机热成像图如图 6-26 所示。

图6-26　无人机热成像图

习　题

1. 光伏电站运行与维护中使用的硬件工具有哪些？

2. 红外热像仪和接地电阻测试仪在使用上应注意哪些方面？

3. 钳形电流表有什么功能？在使用时应注意哪些方面？

4. 智能化监控系统的体系结构一般由什么设备构成？

5. 智能运维机器人和智能运维无人机在光伏电站的运行与维护中有什么特点？在光伏电站运行与维护应用方面有什么异同？

第7章 分布式光伏电站中的检测

学习目标

- 掌握光伏电站检测的目的和意义。
- 掌握光伏电站检测的相关标准和规范。
- 掌握光伏电站检测的内容和检测流程。
- 掌握分布式光伏电站中检测工具的使用。
- 掌握光伏电站各主要设备故障的检测方法。

本章简介

本章首先介绍了光伏电站检测的目的和意义，接着简要介绍了光伏电站性能检测与电站质量评估技术规范，并依据规范详细介绍了光伏电站的检测工具、检测内容和检测流程，最后通过一个分布式光伏电站的检测案例详细阐述了光伏电站检测的流程和步骤。

7.1 光伏电站检测的目的和意义

（1）为光伏电站的质量评估提供依据

随着光伏电站数量和规模（装机容量）的不断增加，光伏电站商业化的进程也在不断提速。光伏电站股权融资、产权交易、保险和财务分析过程中，必须借助光伏电站的检测手段，对光伏电站的质量包含光伏电站的发电效率、发电量等方面进行评估，从而为光伏电站股权融资、产权交易、保险等提供质量担保，如图7-1所示。

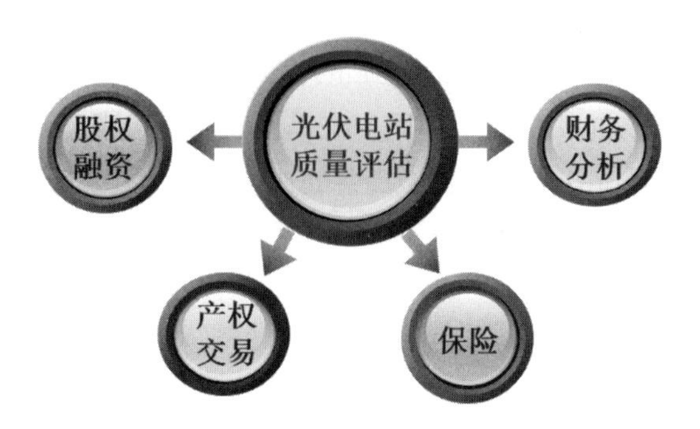

图7-1 光伏电站质量评估与商业化交易的关系图

（2）为光伏电站的运行维护及运维方法改进提供依据和保障

① 为光伏电站运维中的电站安全提供依据和保障。在光伏电站运维过程中，通过红外热成像仪或红外测温仪检测光伏组件、汇流箱、逆变器、升压站和并网柜等关键设备的温度，并进行热分析，可以减少火灾隐患；通过接地电阻测试仪检测设备的防雷接地性能，可以防患光伏电站雷击的安全隐患；通过绝缘电阻检测仪测试设备或元器件的绝缘性能，可以防患设备或操作人员遭受电击的安全隐患；通过电能质量测试仪检测光伏电站所发电能的电能质量，可以防患所并入的电网遭受谐波干扰的隐患，从而保障电网的安全等。

② 为光伏电站运维中保障光伏发电系统效率、降低损耗，消除光伏电站中存在的设备故障、减少损失提供依据。图 7-2 所示的光伏发电系统电能损耗图，可以通过光伏发电系统效率分析仪精确定位系统效率降低的原因，并通过设备故障诊断仪排除设备故障或故障隐患，从而保障运维过程中光伏发电系统始终保持最佳的效益。

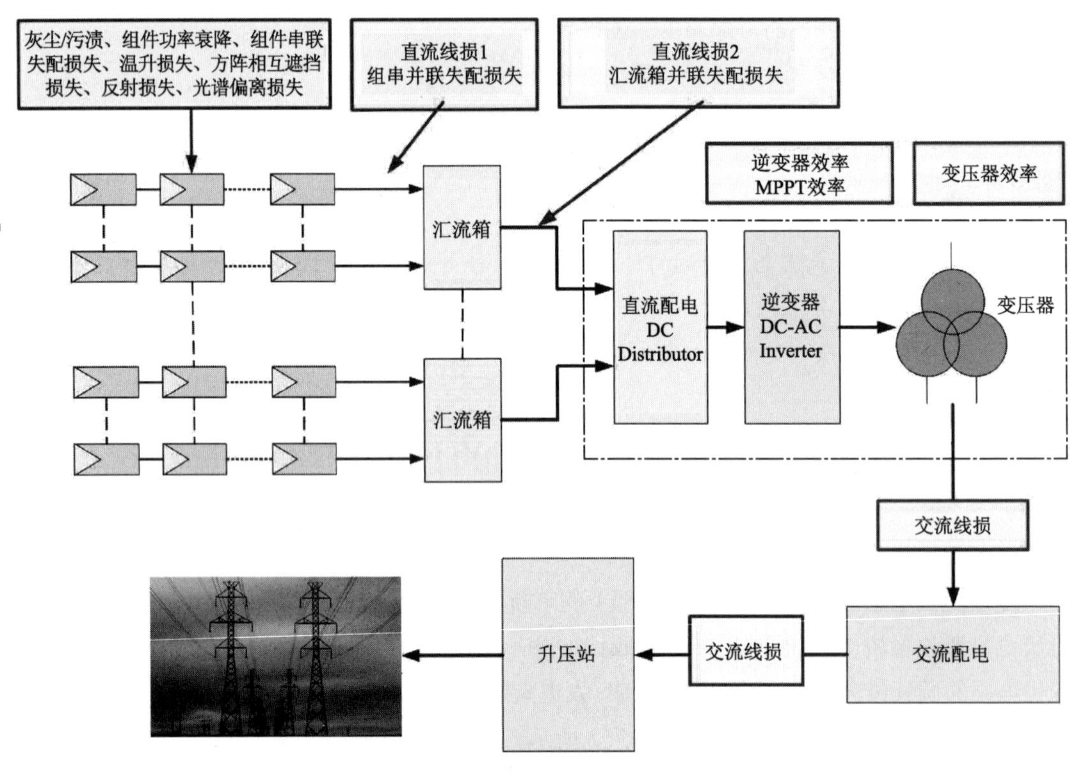

图7-2　光伏发电系统电能损耗图

③ 通过对现有已并网投入运行的光伏电站的检测与评估，为后续光伏电站的设计与设备选型提供依据；通过对现有光伏电站中不同厂家提供的同一种类型设备的性能、参数等进行检测、分析和比较，为后续光伏电站设计中设备的选型提供具有实际应用价值的可靠依据。

7.2 光伏电站检测的相关标准和规范

7.2.1 光伏电站检测中已有的标准与规范

目前针对光伏电站的组成部件，如组件、平衡部件等已建立了相关的检测标准，可以做到较好的质量管控；而针对光伏电站系统则缺乏统一有效的国家层面的检测标准。现已颁布并实施的光伏电站检测方面国家或行业标准或规范如下：

① GB/T 20513—2006（IEC 61724：2014）《光伏系统性能监测　测量、数据交换和分析导则》。

② GB/T 19964—2012《光伏发电站接入电力系统技术规定》。

③ GB/T 29319—2012《光伏发电系统接入配电网技术规定》。

④ GB/T 50797—2012《光伏发电站设计规范》。

⑤ GB/T 18210—2000（IEC 61829：2014）《晶体硅光伏（PV）方阵 *I-V* 特性的现场测量》。

⑥ IEC 62446:2016《并网光伏发电系统文件、试运行测试和检查的基本要求》。

⑦ CNCA/CTS 0004—2010《并网光伏发电系统工程验收基本要求》。

⑧ NBT 32004—2018《光伏并网逆变器技术规范》。

⑨ CNCA/CTS 0016—2015《并网光伏电站性能检测与质量评估技术规范》。

在上述光伏电站检测的相关标准或规范中，《并网光伏电站性能检测与质量评估技术规范》在实际光伏电站检测与验收、质量评估中引用较多，下面将着重介绍。

7.2.2 并网光伏电站性能检测与质量评估技术规范（节选）

1. 范围

规定了并网光伏电站性能监测和质量评估相关的定义、技术要求、试验方法和判定原则。适用于地面安装的并网光伏电站，与建筑结合的分布式光伏系统可参照执行。

2. 抽样原则

单一品种光伏组件和逆变器的光伏电站，按照好、中、差分挡。连续检测每一个单元所有光伏组串的发电量和基本电参数，测试周期至少 3 天。将所有组串发电量从小到大排序，按照 1:3:1 的比例分为好、中、差三挡，从各挡中随机抽取 2 个组串，一共 6 个组串进行现场检测。

多种光伏组件和逆变器的光伏电站：以逆变器单机为一个单元，对不同品种的光伏组件和逆变器各抽取一个单元。连续检测每一个单元所有光伏组串的发电量和基本电参数，测试周期至少 3 天。将所有组串发电量从小到大排序，按照 1:3:1 的比例分为好、中、差三挡，从各挡中随机抽取 2 个组串进行现场检测。

3. 检测基本条件和修正原则

① 热斑检查：被检测单元的全部组件。

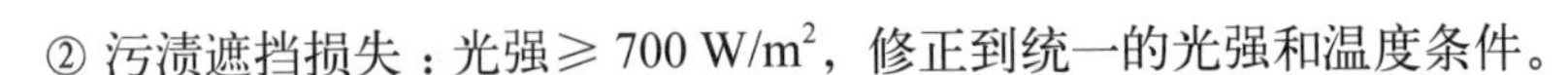

② 污渍遮挡损失：光强≥ 700 W/m²，修正到统一的光强和温度条件。

③ 光伏组串温升损失：光强≥ 700 W/m²，修正到结温 25 ℃条件。

④ 光伏组件性能衰降：光强≥ 800 W/m²，修正到标准测试（STC）条件。

⑤ 光伏组件/组串的串并联失配损失：光强≥ 700 W/m²，修正到统一的光强和温度条件。

⑥ MPPT 偏离损失：光强≥ 700 W/m²，修正到统一的光强和温度条件。

⑦ 严重热斑功率损失：光强≥ 700 W/m²，修正到 STC 条件。

⑧ 隐裂检查：有明显问题的组件。

⑨ 光伏阵列相互遮挡损失：与国家标准 GB/T 29196—2012 规定条件的遮挡损失相比较。

⑩ 直流线损：修正到正常工作条件（NOC）或标准测试条件（STC）。

⑪ 逆变器效率：全负载率效率曲线，按照加权效率给出结果。

⑫ 变压器效率：全负载率效率曲线，按照加权效率给出结果。

⑬ 交流线损：修正到正常工作条件（NOC）或标准测试条件（STC）。

⑭ 被检测单元电能质量：全负荷曲线。

⑮ 被检测单元功率因数：全负荷曲线。

⑯ 对地绝缘性能检测：按照 IEC 62446：2016 要求检测。

⑰ 接地连续性检测：按照 IEC 61140：2016（防电击）的要求检测。

⑱ 接地电阻检测：按照 GB/T 17949.1—2000 的要求测量。

⑲ 防孤岛检测：接入配电网时，按照 IEC 62446：2016 要求检测。

⑳ 低电压穿越检测：接入输电网时，按照 GB/T 19964—2012 要求检测。

注：正常工作条件：辐照度 800 W/m²，环境温度 20 ℃，风速 1 m/s，光伏阵列倾角 45°，开路状态。NOCT：正常工作条件下的电池结温。该结温由生产厂家提供。

4. 光伏电站质量检测的项目

并网光伏电站性能监测和质量评估规范中要求的有关光伏电站质量方面检测的项目如表 7-1 所示。

表7-1　光伏电站质量检测方面的项目

序号	检测项目	序号	检测项目
1	电站实际装机功率	10	光伏与逆变器容量比
2	光伏组件目测质量	11	逆变器集中度/位置和机房质量
3	光伏方阵支架形式和质量	12	变压器安装方式/距离
4	光伏方阵基础形式和质量	13	防雷接地及建设质量
5	光伏组件/阵列排布及安装质量	14	电站围栏及质量
6	直流电缆型号和质量	15	光伏方阵清洗方案/用水量
7	电缆铺设质量	16	环境评估
8	汇流箱功能及质量	17	设备标识
9	汇流箱内电气间隙/爬电距离		

5. 光伏电站性能检测的项目

并网光伏电站性能监测和质量评估规范中要求的有关光伏电站性能方面的检测项目如表 7-2 所示。

表7-2 光伏电站性能检测方面的项目

序号	检测项目	序号	检测项目
1	热斑检查	11	逆变器MPPT效率（可选）
2	污渍遮挡损失	12	变压器效率
3	光伏组件性能衰降	13	交流线损
4	光伏组件/组串的串并联失配损失	14	并网点电能质量
5	MPPT偏离损失	15	并网点功率因数
6	光伏组串温升损失	16	光伏方阵绝缘性
7	隐裂检查	17	接地连续性检测
8	直流线损	18	防孤岛（配电网接入时检测，可选）
9	光伏阵列之间遮挡损失	19	低电压穿越（输电网接入时检测，可选）
10	逆变器效率		

7.3 分布式并网光伏电站检测的应用案例

本节以一个 60 kW 的分布式光伏扶贫电站为例，介绍分布式并网光伏电站检测的内容、抽样检测方案及检测时应满足的参数要求、检测的流程以及最后形成的检测报告的相关内容。

7.3.1 检测的内容及抽样检测方案和参数要求

分布式光伏扶贫电站检测时检测项目、检测内容、检测时的抽样检测方案及应遵循的标准或规范、所检测项目的质量或性能应满足的要求如表 7-3 所示。

表7-3 检测项目、内容、抽样检测方案及要求表

（一）安全类检测

序号	检测项目	检测内容	抽样检测方案	应遵循标准、规范或要求
1	主要发电设备核查	设备认证证书及报告	所抽设备覆盖所有厂家和所有型号	满足国家认证机构对光伏产品的准入要求
		设备的技术协议或技术规格书		
		设备的安装和使用手册		
		设备的接地防雷设计图		
2	方阵倾角	方阵倾角设计是否符合要求	覆盖光伏电站所有光伏阵列	符合GB/T 50797—2012《光伏发电站设计规范》要求

续表

序号	检测项目	检测内容	抽样方案	应满足标准、规范或要求
3	防雷与地网的连接检查	系统防雷接地与设备接地是否分开，单独接入地网	全检	符合GB 50797—2012《光伏发电站设计规范》要求
		汇流箱、逆变器、配电柜中防雷模块、熔断器参数是否满足系统要求		
4	防感应雷检查	主要电气设备是否安装防浪涌抑制器	全检	
		线路布局是否满足防雷要求		
5	电站接地电阻检查	电站的接地电阻检测	每个电站抽检2处	电阻值<4 Ω
6	接地连续性检查	单块组件接地连续性测试（抽取一个点）	每个电站检测2块组件	电阻值<0.1 Ω
7	方阵绝缘性检测	逆变器直流端、组串正负极端对地检测	每个电站抽取1台逆变器对应的光伏方阵	要求>1 MΩ
8	设备安全标识检查	各设备是否设有安全标识，各安全标识是否满足电力施工规范	全检	应满足电力施工规范及设备制造商的要求
9	设备电气连接	各设备接线是否正确、坚固，端口处有无按要求涂抹防火泥	每个电站抽取1台逆变器对应的光伏方阵	应满足电力施工规范及设备制造商的要求
10	户用电站的结构	屋面结构	全检（由光伏电站承建方提供）	根据GB 50797—2012《光伏发电站设计规范》要求进行前期屋面载荷计算并出具相应载荷计算书，无载荷计算书时，项目单位应提供房屋使用年限文件，检测时根据文件核查
（二）性能类检测				
1	一致性检查	同一个电站中组件、汇流箱、逆变器等关键设备是否参数、型号一致	全检	
2	影响性能的外观检查	组件、汇流箱、逆变器等关键设备	抽取10%，覆盖所有厂家和型号	
3	红外热成像检测	组件、汇流箱、逆变器等关键设备	抽取10%，覆盖所有厂家和型号	
4	组件EL检测	检测组件内容电池片是否出现隐裂、断栅、碎片等缺陷	抽取3‰，覆盖所有厂家和型号	

续表

序号	检测项目	检测内容	抽样方案	应满足标准、规范或要求
5	光伏组件功率衰降检测	检测组件的I–V曲线、得到准确的光伏组件功率衰降率，对比是否符合招标文件、设计文件及工信部要求	抽取3‰，覆盖所有厂家和型号	
6	光伏逆变器功能检测	逆变器中开关设备、控制设备及通信功能等检测	全检	
7	光伏方阵安装倾角检测	组件安装倾角是否符合设计要求	每个电站抽取2个光伏方阵	
8	光伏方阵间距及离地高度检测	方阵南北间距及离地高度和离地高度是否符合设计要求	每个电站抽取2个光伏方阵	
9	支架镀锌层厚度检测	对支架横梁、斜撑、斜梁、立柱等部件的镀锌层厚度	每个电站抽取2处进行检测	至少需大于55 μm
10	光伏组串极性及开路电压检测	检测组串的极性及开路电压	每个电站抽取5个组串	

7.3.2 检测的流程

分布式光伏扶贫电站的检测流程如图 7-3 所示。

（1）填写检测光伏电站检测时的基本情况

主要内容包括电站的名称、电站的装机容量、检测日期、检测时间、测试天气、电站类型和验收人员。

（2）填写被检测光伏电站的基本情况

包括电站名称、电站位置、业主及承包商、电站的施工时间、电站的并网投入运行时间、电站的容量、累计发电量、PV 模块及逆变器（包括制造商、型号和数量）。

（3）安全类检测

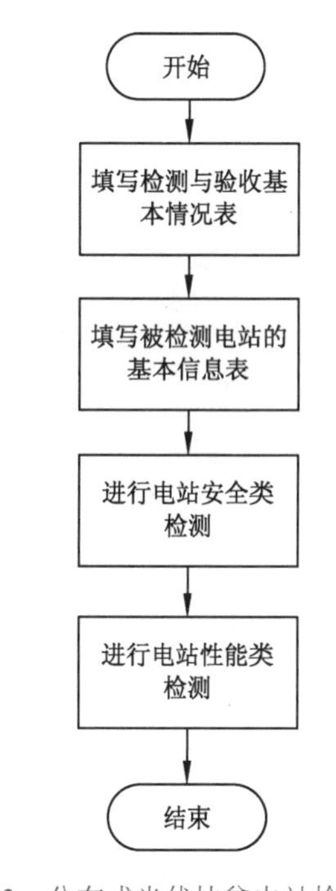

图7-3　分布式光伏扶贫电站检测流程

安全类检测的项目主要有：主要发电设备技术协议、安装使用手册、接地防雷设计图的核查；方阵倾角的检测、防雷与地网的连接检查（主要检测系统防雷接地与设备接地是否分开，防雷模式及逆变器的保险丝参数和配电柜是否满足系统的要求）；抗感应雷击检测（主要是检测电气设备是否配备有防浪涌抑制器，设备的外壳保护接地是否符合要求）；接地连续性测试（接地部件的测试，组件和逆变器之间的连续性外壳接地连续性测试）；光伏阵列绝缘测试（测试逆变器 DC 或光伏组件的正极和负极的对地绝缘电阻值）；设备的安全标记检测（该设备的电连接测试值的测试接线是否正确、牢固，是否存在所述输入和输出端口防火泥）；如果光伏电站是建在屋顶，还要检查屋顶能否承载光伏电站本身带来的额外重量。

（4）性能类的检测

性能类的检测主要包括一致性核查（检查光伏组件、汇流箱、逆变器等关键设备的参数是否一致、是否与设计说明书叙述相同）；外观检查（检查光伏组件、汇流箱、逆变器是否存在刮花、破损、掉防锈漆等现象）；红外热成像检测（主要检测是否存在直接线端子和关键部件，如 PV 模块，汇流箱，逆变器等）；组分（主要是检测的 EL 测试的散热器温度过度光伏模块的内部细胞是否被裂化或断开、碎屑、阴影和其他缺陷）；PV 模块的功率衰减测试；PV 逆变器功能检查（测试变频器的开关元件、控制元件和通信功能是否正常）；光伏阵列安装倾斜检测；光生伏打阵列间隔和地面高度检测；托架镀锌层厚度测试；光伏模块极性和开路电压测试。

7.3.3 检测报告

1. 电站的基本概况

该电站位于 ×× 省 ×× 村，规划装机容量为 60 kW，实际装机容量为 60.5 kW，2017 年 3 月 21 日开始施工，并于 2017 年 4 月 30 日连接到电网。该电站由 220 个 275 Wp 多晶硅光伏组件和 2 个 30 kW 并网逆变器组成。图 7-4 为 ×× 省 ×× 村 60 kW 光伏扶贫电站外观图。

图7-4　××省××村60 kW分布式光伏扶贫电站外观图

2. 电站相关设备的一致性检查

（1）检测内容

根据相关的设计技术档案，检查实际的光伏组件、逆变器、配电柜、线缆等设备的规格书及安装、使用手册是否与设计技术档案上的一致。

（2）检测工具

目视。

（3）检测结果

通过检查现场设备铭牌、标识得出电站主要设备的型号和参数如下：

① 光伏组件型号为 SYE275M6-60，与设计的光伏组件参数一致。

② 逆变器型号为 KBTE-30K，与设计的逆变器参数一致。

③ 配电柜无型号和参数说明、技术规格书、安装及使用手册。

④ 系统无接地防雷设计图纸。

3. 系统防雷和设备接地的检测

（1）检测内容

① 防雷接地系统与接地点的连接检测；系统防雷接地与设备接地是否分开设置，单独接入地网；汇流箱、逆变器、配电柜中的防雷模块、熔断器参数是否满足系统要求。

② 主要电气设备是否安装防浪涌抑制器。

③ 防雷接地线路的连接及布局检查。

（2）检测工具

接地电阻测试仪。

（3）检测结果

① 防雷接地与设备接地无分开设置，应该单独设置，单独接入地网；逆变器、配电柜中有防雷模块，系统采用的熔断器参数满足系统要求。

② 配电柜中安装有防雷涌浪抑制器，满足防感应雷的要求。

③ 防雷接地线路的布局：光伏组件与光伏组件之间已做等电位连接，光伏方阵之间通过支架焊接，光伏方阵已有多点对地连接。

4. 电站接地电阻的检测

（1）检测内容

随机抽取 2 个光伏组件，检测光伏组件边框和光伏支架的对地接地电阻值。

（2）检测工具

接地电阻测试仪。

（3）检测结果

组件、支架接地电阻都在 188.1 Ω，其值不符合 CNCA/CTS 0004—2010《并网光伏发电系统工程验收基本要求》的不高于 4 Ω 规定，具体的两个测试点的检测结果如表 7-4 所示。

表7-4　接地电阻现场检测记录表

接地电阻测试		
检测项目绝缘位置	检测结果/Ω	备　　注
测试点1	188.1	大于验收标准
测试点2	189.4	大于验收标准

5. 电站主要设备的接地连续性检测

（1）检测内容

测试光伏组件与光伏支架之间的接地连续性，每个电站抽取 2 个测试点，要求电阻值<0.1 Ω。

（2）检测工具

接地电阻测试仪。

（3）检测结果

2 个测试部位的光伏组件、支架之间的电阻为 0.12/0.02 Ω 左右，略高于规范中的不高于 0.1 Ω 规定，具体的检测值见表 7-5 所示。

表7-5　接地连续性检测记录表

接地连续性测试表			
检测位置	检测结果		备　注
	组串边框接地电阻/Ω	支架边框接地电阻/Ω	
测试点1	0.10	0.12	稍大于验收标准
测试点2	0.12	0.15	

6. 光伏方阵绝缘性检测

（1）检测内容

逆变器直流输入端或光伏组串正极及负极对地检测，抽取 5 个光伏组串，绝缘值应大于 1 MΩ。

（2）检测工具

绝缘电阻测试仪。

（3）检测结果

抽取的 5 个检测组串的绝缘电阻均大于 100 MΩ，满足 CNCA/CTS 0033—2015《光伏发电系统验收测试技术规范》中 600 ～ 1000 V 电压不低于 1 MΩ 规定，具体的检测结果如表 7-6 所示。

表7-6　光伏方阵绝缘阻值检测记录表

检测项目 绝缘位置	检测结果/MΩ		备注
	组串正极对地绝缘＞1	组串负极对地绝缘＞1	
组串1-1	>100	>100	绝缘电阻 符合标准
组串1-2	>100	>100	
组串2-1	>100	>100	
组串2-2	>100	>100	
组串2-3	>100	>100	

7. 电站设备安全标识检查

（1）检查内容

检查光伏电站设备上是否有安全标识；电站设备周围是否有防护设施。

（2）检查工具

目视。

（3）检查结果

光伏电站的周围有防护围栏；逆变器、配电柜上都有安全标识；基本满足电力施工规范的要求。

8. 电站设备电气连接可靠性检测

（1）检测内容

从电站中随机抽取一个逆变器及对应的光伏组串、配电箱进行检测，主要检测电站设备的电气接线是否正确、可靠；进线处是否有按要求涂抹防火泥。

（2）检测工具

红外热成像仪、万用表、钳型电流表。

（3）检测结果

设备电气接线正确，通过红外热成像仪对配电柜和逆变器的接线进行热成像扫描，发现逆变器的接线有裸露接线端子，但不存在脱接、虚焊现象，开关柜进出线口未按要求涂抹防火泥。电缆线出口端弯曲不规范，电缆间存在缠绕、交叉、绑扎不规范等问题，具体的问题图片如图 7-5 所示。

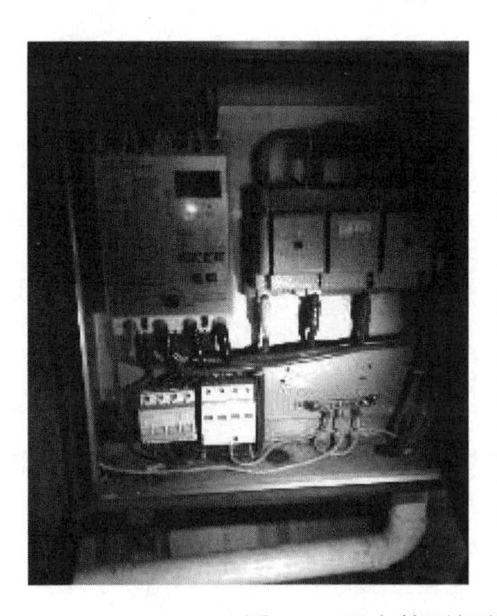

图7-5　配电箱不规范的电气连接图

9. 电站设备的性能一致性核查

（1）检测内容

采取全检的方式对光伏组件、逆变器等关键设备的性能进行检测，检测型号和性能参数是否与设计时对应的性能参数一致。

（2）检测工具

万用表、钳型电流表。

（3）检测结果

光伏组件、逆变器的型号及性能参数与电站设计图纸和设计说明书上的保持一致。

10. 影响性能的设备外观检测

（1）检测内容

检查光伏组件是否满足在 IEC 61215 或 IEC 61646 的要求；额定输出功率（或电流）、额定工作电压、开路电压和短路电流是否被标记；逆变器和配电柜的涂料是否镀牢固且平坦；是否存在如剥落、铁锈和裂缝的现象；各种文字和符号是否清楚、整齐，是否标准化和正确；标志、标牌和标识是否齐全、清晰；各种开关能否灵活简便操作；光伏组件、逆变器、配电柜是否存在刮花、破损等现象。每个村及电站中抽取 10%，覆盖所有厂家、型号。

（2）检测工具

目视和万用表。

（3）检测结果

① 光伏组件。光伏组件安装平整，有合格的铭牌标志（见图 7-6 中所示的具体的铭牌），无划痕和裂纹、碎裂、拐角和其他现象。但光伏组件存在杂草、树木遮挡等现象，光伏电站东侧有电线杆会对电站部分组件造成阴影遮挡，光伏支架部分有锈蚀的现象。具体的光伏组件问题如图 7-6 所示。

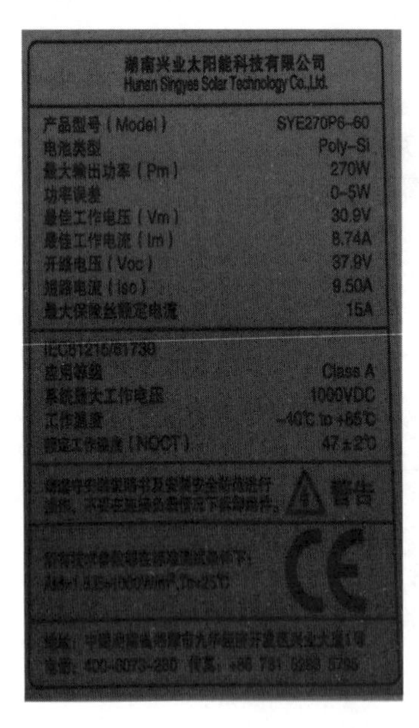

图7-6　光伏组件的铭牌标识与生产序列号图

② 逆变器。逆变器的检测项目和检测结果如表 7-7 所示。

表7-7　逆变器的检测项目和检测结果记录表

序号	检查项目	检查内容	检查结果
1	逆变器的认证检查	框架的装配应符合相应的技术要求	合格
2	逆变器的电镀检查	涂料电镀应牢固且平坦，无剥离、锈蚀和裂纹	合格
3	逆变器的机架检查	机架面板应该是平坦的，文字和符号的要求是明确的、整齐的、标准化的	合格
4	逆变器的标示检查	标志、标识应该是完全清楚	不合格
5	逆变器的开关检查	各种开关应操作简便、灵活可靠	合格
6	逆变器的保护检查	柜子应该有相应的保护措施，以防止操作者直接接触。与各种电气部件，包括AC和DC端子电极都通过了现场测试，发现该变频器无号码；逆变器油漆是牢固且平坦，无剥离、锈蚀和开裂；所述逆变器被安装牢固可靠指示正常	合格

现场检测发现逆变器无编号；逆变器油漆电镀牢固、平整，无剥落、锈蚀及裂痕现象；逆变器安装牢固可靠且指示正常，具体的逆变器的铭牌和外观图如图 7-7 所示。

逆变器铭牌

逆变器安装外观图

图7-7　逆变器的铭牌和安装外观图

11. 电站设备的红外热成像检测

（1）检测内容

主要检测光伏组件的输出接线端子，汇流箱、逆变器、配电柜的输入或输出接线端子是否存在由于接触不良或逆变器上的散热器因散热不良导致的温度过高现象。

（2）检测工具

FLUKE Ti32 红外热成像仪。

（3）检测结果

经检测没有发现光伏组件的热斑现象，配电柜、逆变器内红外热成像图分布均匀一致，无明显的热点，具体的成像热点图如图 7-8 所示。

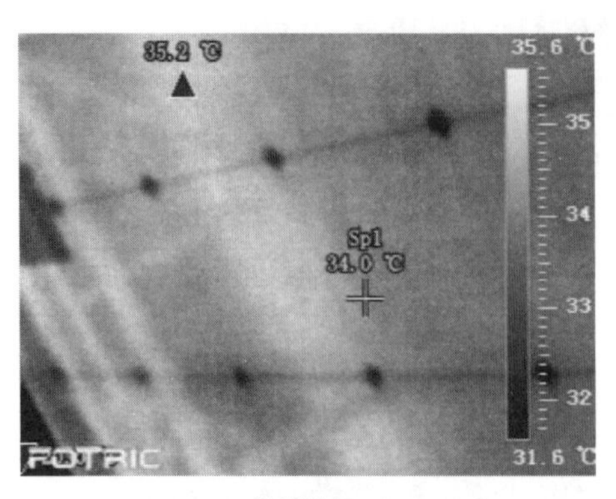

组件测点1

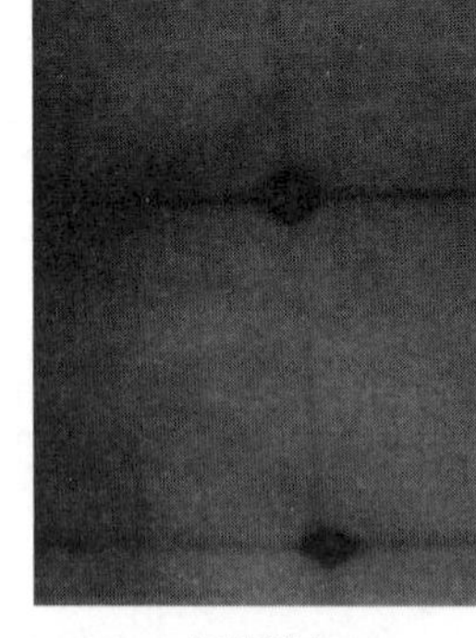

组件测点2

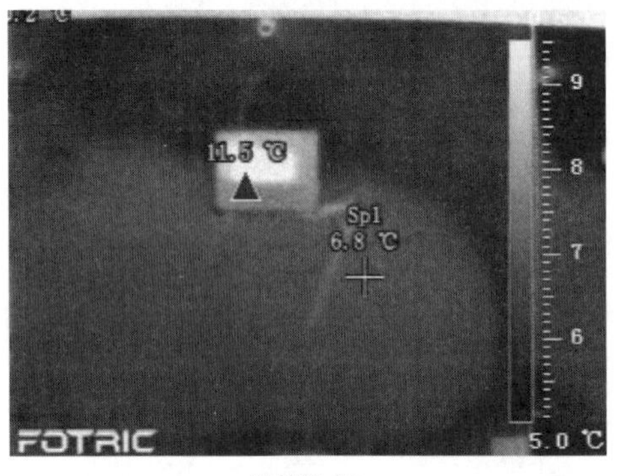

组件测点3

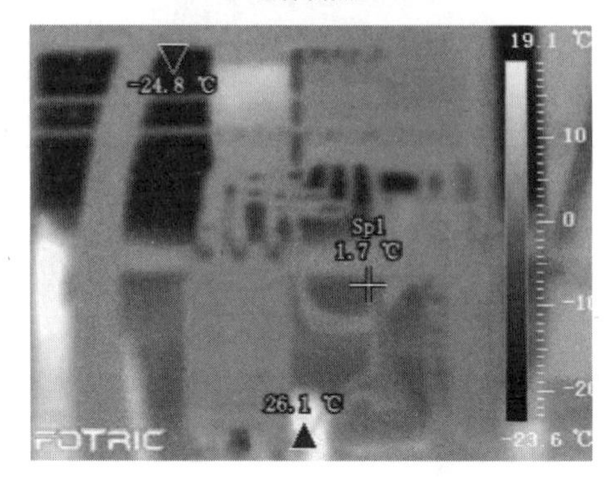

逆变器

图7-8　光伏组件与逆变器热成像热点图

12. 光伏组件的EL测试

（1）检测内容

随机抽取 1 块光伏组件进行检测，它主要检测光伏组件内的电池片是否存在如隐裂、断栅、破片、碎片和明暗片等内部缺陷。

（2）检测工具

EL140S-M（电致发光）测试仪，要求测试时的光照强度要大于 700 W/m^2。

（3）检测结果

经检测，光伏组件没有出现隐裂、断栅、碎片及明暗片等缺陷，具体的 EL 检测图如图 7-9 所示。

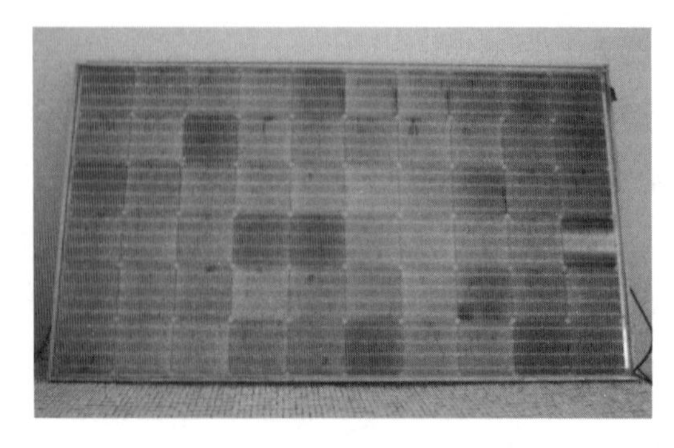

图7-9　光伏组件的EL检测图

13. 光伏组件的功率衰减检测

（1）检测内容

随机抽取 1 块光伏组件进行检测，通过检测组件的 $I-V$ 曲线，得出准确的光伏组件功率衰减率，要求多晶硅首年衰减率不大于 3%，单晶硅首年衰减率不大于 2.5%，25 年组件衰减率不大 20%。

（2）检测工具

中电四十一所 AV6591 测试仪，要求测试时的光照强度要大于 700 W/m^2。

（3）检测结果

经检测得出光伏组件的实际功率为 269.63 W,组件的衰减率为 -0.18% 被测组件满足要求，具体的检测数据如表 7-8 所示。

表7-8　光伏组件功率衰减能测试记录表

序　号	检测项目	检测结果
1	短路电流（I_{SC}）	9.68 A
2	开路电压（V_{oc}）	37.20 V
3	最大功率点电流（I最大）	9.25 A
4	最大功率点电压（V_{max}）	29.14 V
5	最大功率（P_{max}）	269.63 W
6	组件衰减率	-0.18%

注：使用组件的温度系统对组件的最大功率进行修正，得出标准条件（辐照度 1 000 W/m²，组件温度 25 ℃、AM1.5）下的最大功率。

14. 光伏逆变器性能检测

（1）检测内容

主要检测光伏逆变器中的开关装置、控制装置、通信设备等功能是否能正常工作；是否存在安全工作隐患。

（2）检测工具

万用表、监控系统等仪器和工具。

（3）检测结果

开关装置、控制装置、无线通信设备功能都能保持安全正常工作。

15. 光伏组件安装倾角检测

（1）检测内容

光伏阵列中光伏组件的安装倾角。

（2）检测工具

红外测距仪。

（3）检测结果

随机抽取两种不同阵列进行检测，检测结果分别为20.9°、21.5°，与设计图纸上规定的光伏组件倾角基本一致。

16. 光伏方阵间距及离地高度检测

（1）检测内容

检测两个光伏阵列的南北间距及光伏阵列南北方向的离地高度。

（2）检测工具

红外测距仪。

（3）检测结果

随机抽取2个光伏阵列进行测试，2个阵列的南北间距为1.64 m，第一光伏阵列的南端离地高度为0.67 m，北端离地高度为1.887 m；第二个光伏阵列的南端离地高度为0.72 m，阵列北端离地高度为1.982 m；两个光伏阵列间没有形成遮挡阴影，检测结果符合设计要求。

17. 光伏支架镀锌层厚度检测

（1）检测内容

检测光伏支架防锈涂镀层的厚度。

（2）检测工具

希玛AR932型涂层测厚仪。

（3）检测结果

经检测，抽取的光伏支架斜梁的厚度满足要求，其他的部分涂层均不满足规范要求。具体的光伏支架镀锌层厚度检测数据如表7-9所示。

表7-9 光伏支架镀锌层厚度检测结果记录表

支架位置	名称	实测厚度/μm	平均值/μm
第三排	横梁	30.8	12.96
	斜梁	4.2	
	斜撑	4.4	
	前立柱	3.9	
	后立柱	21.5	

18. 光伏组串极性及开路电压检测

（1）检测内容

测试光伏组串的极性及开路电压。

（2）检测工具

意大利HT PVCHECK太阳能系统安全测试仪。

（3）检查结果

随机抽取5个光伏组串进行检测，被测组串的开路电压都在770 V左右，光伏组串电性能、开路电压均满足逆变器的输入电性能参数要求。具体的检测数据如表 7-10 所示。

表7-10　光伏组串极性及开路电压检测结果记录表

检测位置	检测编号	开路电压测试/V	备　　注
MMPT1	组串1	770	合格
	组串2	771	合格
MMPT2	组串3	774	合格
	组串4	771	合格
	组串5	770	合格

习　　题

1. 到目前为止，光伏电站检测的标准和规范有哪些？

2. 为什么要对光伏电站进行检测，其意义和价值在哪里？

3. 对分布式并网光伏电站进行检测一般要使用哪些工具？各种工具的作用是什么？

4. 对分布式光伏电站进行检测，检测的内容和要求有哪些？检测的步骤应如何安排才更合理，更有效率？

5. 和分布式并网光伏电站相比，对大型地面并网光伏电站进行检测在内容、检测工具和检测方法和步骤上有什么不同？

参 考 文 献

[1] 付新春，静国梁．光伏发电系统的运行与维护 [M]．北京：北京大学出版社，2015.

[2] 袁芬．光伏电站的施工与维护 [M]．北京：机械工业出版社，2016.

[3] 木联能运维团队．光伏电站运维手册 [Z]．北京：北京木联能软件股份有限公司，2016.

[4] 周志敏，纪爱华．太阳能光伏发电系统设计与应用实例 [M]．北京：电子工业出版社，2010.

[5] 李钟实．太阳能光伏发电系统设计施工与维护 [M]．北京：人民邮电出版社，2010.

[6] 刘文毅，杨勇平，张背国，等．压缩空气蓄能（CAES）电站及其现状和发展趋势 [J]．山东电力技术，2007 (2).

[7] 王长货．太阳能光伏发电实用技术 [M]．北京：化学工业出版社，2005.

[8] 崔容强，赵春江，吴达成．并网型太阳能光伏发电系统 [M]．北京：化学工业出版社，2007.

[9] 张兴，曹仁贤，等．太阳能光伏并网发电及其逆变控制 [M]．北京：机械工业出版社，2012.

[10] 周志敏．太阳能光伏发电系统设计与应用实例 [M]．北京：电子工业出版社，2010.

[11] 秦鸣峰．蓄电池的使用与维护 [M]．2 版．北京：化学工业出版社，2011.

[12] 李安定．太阳能光伏发电系统工程 [M]．北京：化学工业出版社，2012.

[13] 杨贵恒，张海呈，张颖超．太阳能光伏发电系统及其应用 [M]．2 版．北京：化学工业出版社，2015.